世界兽医经典著作译丛·小动物外科系列

小动物胃肠道手术病例

[阿根廷]鲁道夫·布鲁·戴 (Rodolfo Brühl Day)

[阿根廷] 玛利亚·埃琳娜·马丁内斯 (María Elena Martínez) 等 ｜ 编著

[阿根廷]巴勃罗·迈耶 (Pablo Meyer)

刘光超　主译

中国农业出版社

北　京

图书在版编目（CIP）数据

小动物胃肠道手术病例／（阿根廷）鲁道夫·布鲁·戴等编著；刘光超主译.—北京：中国农业出版社，2023.1

（世界兽医经典著作译丛）

ISBN 978-7-109-30525-0

Ⅰ.①小⋯　Ⅱ.①鲁⋯　②刘⋯　Ⅲ.①动物疾病－胃肠病－外科手术　Ⅳ.①S856.4

中国国家版本馆CIP数据核字（2023）第046342号

English edition:
Small animal surgery, Surgery atlas,a step-by-step guide, The gastrointestinal tract Clinical Cases
©2015 Grupo Asís Biomedia, S.L.
ISBN: 978-84-16315-14-7

合同登记号：图字01-2018-1209号

中国农业出版社出版
地址：北京市朝阳区麦子店街18号楼
邮编：100125
责任编辑：武旭峰　弓建芳
版式设计：杨婧　责任校对：刘丽香　责任印制：王宏
印刷：北京缤索印刷有限公司
版次：2023年1月第1版
印次：2023年1月北京第1次印刷
发行：新华书店北京发行所
开本：889mm×1194mm　1/16
印张：13
字数：393千字
定价：158.00元

译者名单

主　译　刘光超

参　译　（按姓氏笔画排序）

王　菁　许远靖　张晨旭　孟纾亦

赵　龙　黄　骁　傅雪莲　熊晨昱

原著作者

Rodolfo Brühl Day

Rodolfo Brühl Day博士（DVM）于1977年毕业于阿根廷布宜诺斯艾利斯大学兽医学院，并获得优异成绩及最佳GPA金奖。1984年，在兽医医学教学医院（加利福尼亚大学戴维斯分校）的小动物外科室实习，1998年成为布宜诺斯艾利斯大学小动物外科认证专家，2000年成为兽医生物专家，2002年在拉丁美洲兽医眼科学院任职。

他曾在多所大学（布宜诺斯艾利斯大学、Ciencias兽医学院、加利福尼亚大学戴维斯分校、美国加利福尼亚大学第六兽医学院、罗斯大学、西印度群岛圣基茨市兽医学院）任教。2008年以来，他是小动物外科学教授、小动物医学和外科主任、圣乔治大学(西印度群岛格林纳达兽医学院)小动物诊所的外科医生。

Rodolfo Brühl Day博士获得了许多荣誉，出版了许多书籍，发表了多篇文章，还参加了研讨会，并在职业生涯中选修CE课程。1995年以来，他是阿根廷布宜诺斯艾利斯国际兽医学编辑协会成员。

María Elena Martínez

María Elena Martínez博士（DVM）1991年毕业于阿根廷布宜诺斯艾利斯大学兽医学院。作为小动物外科和麻醉学方面的专家，1998—2006年她在布宜诺斯艾利斯大学任教。2002年，获得小动物外科学位，现在担任兽医神经外科的主任。她在美国（密苏里大学）、巴西（圣卡塔琳娜大学）和哥伦比亚（圣马丁大学基金会）等地学习并积累了经验。她是一名拉丁裔神经学会员，也是兽医神经协会（阿根廷兽医神经学协会）的创始会员。

Pablo Meyer

Pablo Meyer博士(DVM) 1986年毕业于阿根廷布宜诺斯艾利斯大学兽医学院。2003年，他获得小动物外科学位并担任皮肤外科及重建学科的讲师。他还担任布宜诺斯艾利斯大学兽医学院教学医院外科医生和肿瘤学讲师，编著了相关领域的许多著作，参加过多次会议，曾多次在外科和肿瘤学方面的专业期刊上发表论文。

贡献者

José Rodríguez, DVM, PhD

毕业于西班牙马德里康普顿斯大学兽医专业。担任西班牙萨拉戈萨大学动物病理学系主任，任职于西班牙瓦伦西亚南部兽医医院。

Sandra Mattoni, DVM

毕业于美国加利福尼亚州戴维斯分校，是急诊科和重症监护室实习医生。圣乔治大学兽医学院小动物医学助理教授。现担任西印度群岛格林纳达市圣乔治大学兽医学院主任、阿根廷布宜诺斯艾利斯大学教学医院急诊科主任。

Eduardo Durante, BVSc, BVSc(Hons), MedVet, DVSc

阿根廷布宜诺斯艾利斯拉普拉塔国立大学小动物外科学教授。在西印度群岛格林纳达市圣乔治大学兽医学院担任小动物外科学教授兼副主任。

Francesca Ivaldi, DVM, MSc

西印度群岛格林纳达市圣乔治大学兽医学院小动物外科学副教授。

序

我非常荣幸能够为第一版《小动物胃肠道手术病例》撰写序。本书由Rodolfo Brühl Day、María Elena Martínez、Pablo Meyer和José Rodríguez Gómez共同撰写。

我非常荣幸能和Rodolfo Brühl Day博士一起工作。从本书封面很容易看出，他是个完美主义者。大量的高清图像和对手术过程简短、清晰的描述显示出他在教学和外科领域的高水平。

胃肠道手术几乎每天都在进行，很多情况下都是缺乏经验的临床医生在进行这些手术。本书有着清晰的指导方案和图片，对于那些年轻的同事来说是非常有用的工具书。当然，对于更有经验的外科医生来说，此书能够扩展知识、提高外科技能，也可以提升患病动物的福利。

这本外科图谱中的临床病例都是经过精心挑选和记录的，因此是一本必须出现在每个兽医学院图书馆的书，与本系列其他书籍遵循相同的原则，即清晰、简洁和实用。外科手术过程是通过图片一步一步来解释和说明的，这能让外科医生理解并提前预知到以后手术过程将要面对的事情。

本书展现了作者的丰富经验和专业技能。我希望这部新作品能够满足读者对小动物外科学的好奇心，通过阅读此书，读者将在小动物外科领域不断进步。

Tomás Guerrero
PD, Dr. Med. Vet., Dip. ECVS
西印度群岛格林纳达市圣乔治大学兽医学院小动物外科学教授

前　言

　　这本书有两个方面是值得认可的。

　　一方面，它总结了多年来一直努力工作在一线的私人医生、住院医生、实习医和学生的临床经验，并接受世界著名外科医生的指导，将外科经验以文字的形式表达出来进行分享。

　　另一方面，它已经成为信息的另一种来源，结合了解剖学、病理学和外科手术资料，它们中的大多数都是极好的知识来源。

　　我们将一系列有据可查的病例进行总结归纳，试图能够解决住院医生、对胃肠道感兴趣的医生及外科医生们每天可能遇到的基本或更严重的疾病问题。数据合理，必要时对概念和解剖结构进行复习，用图片展示每一个手术过程，并对手术过程尽可能详细地描述，达到"一图胜千言"的效果。

　　本书不仅适用于外科医生，对那些已有丰富经验的医生和实践者也适用。在小动物外科领域工作了这么多年后，我们努力从工作经验中总结出一些技能、提示和其他一些小常识，希望对外科医生的实践工作有帮助。

　　因为经济水平和社会状态存在多方面的差异，我们可能并不拥有最新的监护设备、最先进的新型缝合材料或最新的电凝设备，但是在临床工作中，这些设备的作用不差于那些先进设备。这意味着我们仍然可以将最好的技术展示给患病动物和宠物主人，并且全世界的兽医都在日复一日地进行这项工作。

　　读者应该意识到，并非所有的手术病例都能够被治愈，在这种情况下，我希望病患在有限的时间里获得良好的生活质量。

　　我们的目标是消除医生对手术的恐惧，同时增加对这门艺术和病患的尊重。本书将作为一本外科咨询和援助的工具书，被列入图书馆的专业图书中。

　　作为一名外科医生，本书提供了一些提高自身技能的方法，再结合病患的整体表现，我们分享知识的目标也将会实现。

编著者

致　谢

　　我要感谢我的妻子桑德拉，她一直是我的灵感和指路明灯，在生活和职场中都是如此。我们都对小动物外科充满热情，这是我们选定的职业。

　　还要感谢我的儿子Tadeo和女儿Lara，他们给我的生活带来了快乐。

　　感谢我的同事和合著者，他们深刻理解了团队合作的概念，并将其传递下去。

　　感谢我的导师R. Leighton博士、E. Breznock博士和G. Gourley博士，他们向我传授了无菌技术，并教给我很多新的知识。

　　感谢我的学生们，他们必须理解手术是一门严肃学科，需要不断监测患者，才能获得最令人满意的收获。在手术过程中，当境况处于最糟糕的时候，这是一盏指路明灯，能给他们带来清晰的视野。

Rodolfo Brühl Day

　　我无法用言语表达我对Rodolfo Brühl Day博士一直以来的支持和鼓励的感激之情。我非常感激他给予我的这个巨大机会。

　　我的贡献离不开我的外科团队的支持。感谢他们的付出和帮助。

　　感谢关爱、支持和鼓励我的Dano。在困难时期，他的鼓励倍受珍视和感激。

　　最后，感谢我亲爱的病患们。它们的福祉是我生命的意义所在。我永远感激成为一名兽医带来的幸福。

María Elena Martínez

　　感谢身边有这么多优秀并经常鼓励我的人。有些人还在，有些人已经离开。

　　我要将我的医学及学术成就归功于Victor 'Mussy' Cairoli博士，我至今仍怀念他。还有Rodolfo Brühl Day博士，感谢他们从我还是学生时就给予我的指导。他们作为我学习的榜样，才使我选择这条充满激情的兽医外科之路。

对我而言，María Elena Martínez博士就像是我的姐妹一样，我们一起学习，一起为小动物外科学的发展做出贡献。

感谢Circe、Geronimo、Pampa以及已经离开了的、经验丰富的Mimm。他们曾与我同甘共苦，给予我莫大的鼓励。

感谢我的女儿和妻子，没有她们无私的爱，一切都不可能实现。

感谢我的母亲（Magda）和父亲（Pedro），他们不仅把我带到这个世界上，而且还教导我要尊重这个星球上任何会行走、飞行或游泳的生物。

Pablo Meyer

我要感谢所有的兽医和宠物主人，感谢他们对我们能力、专业技术和职业道德的信任，以及他们提供了许多患病动物的图片。

感谢广大读者，如果没有他们，这本著作将毫无意义。

最后，我们要感谢Grupo Asís Biomedia出版集团的编辑，感谢他们邀请来自南美洲的三位外科医生对本书编著提供的帮助，感谢Nathalie Fernández博士及其编辑团队的耐心和帮助。在涉及本书的组织、指导和收集信息时，她无私的奉献精神最终使本书能够成为一部经典的著作。

编著者

目 录

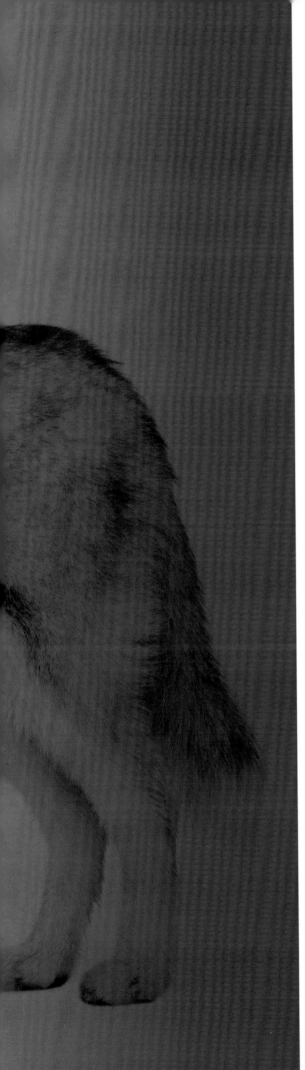

第1章　口腔和咽部的病例

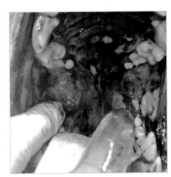 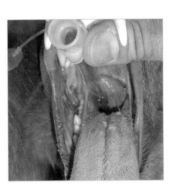

 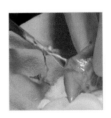 

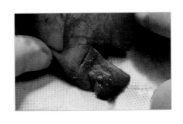 

唇肿瘤

临床常见度	■	□	□	□	□
技术难度	■	■	■	■	■

■ 转诊的一例诊断为嘴唇联合处的无色素性黑色素瘤。

■ 血管蒂皮瓣（也称附着皮瓣）。

> 临床症状：由于前一次手术造成的嘴唇联合处变形，无法将食物或水含在口腔内。

体格检查

Shara 最开始因为在靠近右唇联合处发现一个直径约 0.5cm 的小肿瘤生长而进行手术。组织病理学诊断是无色素性黑色素瘤。

与人不同，犬的皮肤黑色素瘤大多数是良性的；然而，口腔黑色素瘤倾向于恶性，可能侵袭局部组织和下层骨骼，还可能出现转移。口腔黑色素瘤可能出现流涎、口臭、口腔出血、进食困难或口腔往外掉食物及口腔疼痛。

目前，在某些国家，注射黑色素瘤疫苗已成为患黑色素瘤高风险犬的一种标准治疗方法。这种疫苗在原发肿瘤完全切除后效果最好，也可作为后续治疗使用，以消除转移风险。

由于此类肿瘤具有侵袭性，我们决定增加原有的安全边缘，创建血管蒂皮瓣（也称附着皮瓣）来覆盖缺损（图 1-1）。

> ✱ 绝不要低估肿瘤的恶性发展程度，因为其宏观表现有时可能与组织病理学诊断不符。

病例	
名字	Shara
物种	犬
品种	混血㹴犬
性别	雌性
年龄	10 岁

手术准备

术野区准备好（图 1-2），口咽内用无菌纱布填塞，以免血液或灌洗液进入食道、气管和/或肺。然后，外科医生开始进行术野区的全层皮肤切除，从而增加初始安全边缘（图 1-3a）。

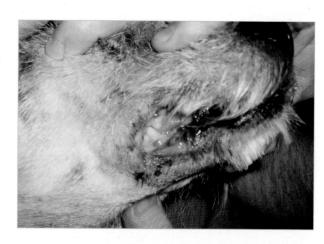

图 1-1　第一次手术后的动物，由于无色素性黑色素瘤的恶性发展显示出初始边缘。

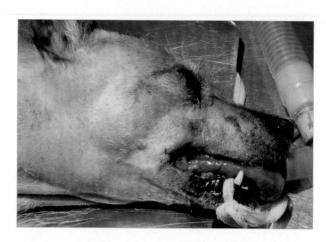

图 1-2　动物保定好，剃毛后进行消毒，准备手术。

手术技术

使用皮瓣的原因是为了实现该区域正常的功能（图1-3b）。若不进行，患病动物的口腔将大范围暴露。在进行这种重建手术时，必须重建所有的解剖层。

 最重要的是要记住，即使这一手术是清洁-污染手术，但仍然要严格执行无菌规定。

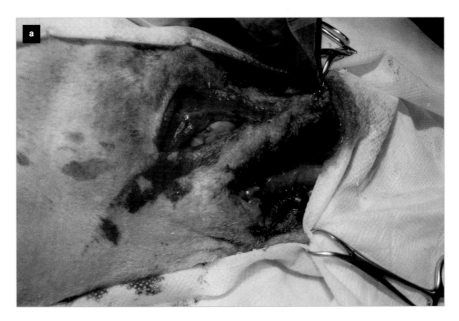

图1-3a 切除之前的疤痕，增加安全边缘。

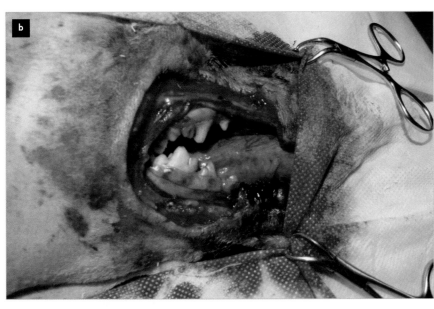

图1-3b 手术完成后的唇联合区域。可清楚观察到口腔内侧。

重建皮瓣需要测量伤口最吻侧至唇联合角之间的长度，相当于之前切除的唇的大小。宽度是唇高度的两倍，记住，皮瓣将向内折叠，重建正常功能的嘴唇（图1-4）。

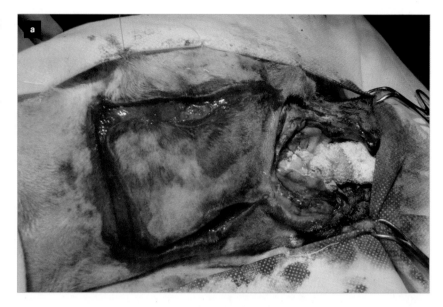

图1-4a　确定皮瓣边界。

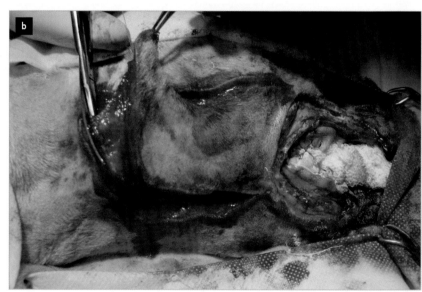

图1-4b　钝性和锐性分离皮瓣，包括皮下层。

对皮肤的处理必须非常精细，以免产生过度的炎性反应，甚至出现缺血，同时也要保持良好的血液供应，保持皮下组织层贴附在皮肤上。需要钝性和锐性分离皮瓣。使用低压电刀来止血。

皮瓣的基部通常需要比其末端更宽，以保证良好的血液供应。随机皮瓣的长度取决于供血血管的血管内阻力和灌注压力。当压力降低至真皮下神经丛小动脉的临界闭合压力时，营养血流停止，皮瓣会出现缺血。因此，决定皮瓣是否存活的不是传统的宽度与长度比值，而是灌注压力。

> ✳ 任何时候，为了保持良好的血液供应，必须避免血管弯曲；同时预防皮瓣水肿。

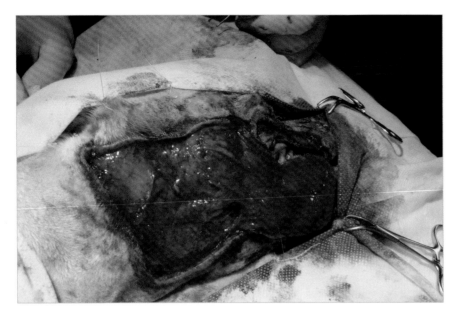

此病例中，为了确保皮肤的血管供应最大，将皮下层一同分离，包括真皮下神经丛。皮瓣创建完成后，便将其移向口腔（图1-5）。

图1-5 皮肤和黏膜下层的皮瓣移向口腔。

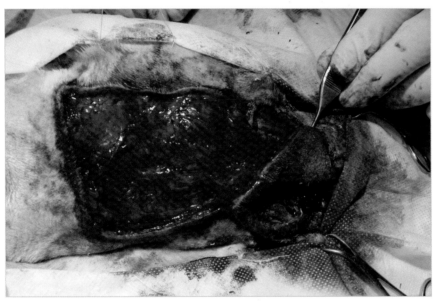

将皮瓣向上牵拉，保证缝合前皮瓣边缘的良好贴合（图1-6）。然后，将皮瓣的下侧缘向内侧折叠，与牙龈黏膜缘缝合。

图1-6 皮瓣移位并自行折叠。

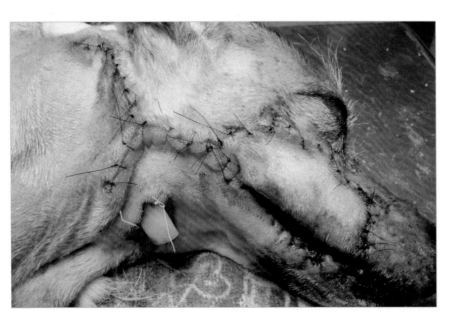

最后，使用单股可吸收缝合材料缝合，放置引流管将手术部位过多的液体引流（图1-7）。

图1-7 放置彭罗斯引流管，减少死腔，避免液体积聚。

引流管需要遵循的原则是，不要放置在原始切口，需建立一个单独的出口。

必须记住，皮瓣的内侧面是皮肤折叠形成的，随着时间推移，会经过化生，慢慢变成相匹配的黏膜（图1-8）。

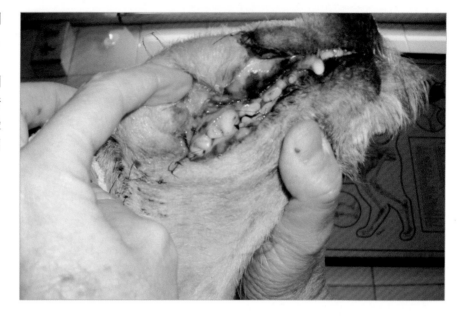

图1-8　拆线前做最后的复查。

※　需要注意修剪长出的毛发，否则唾液和食物可能黏附在上面，导致该区域出现恶臭。

进展

Shara的进展很好（图1-9和图1-10）。肿瘤未复发，亦未出现转移。Shara在6年后死于其他不相关的原因。

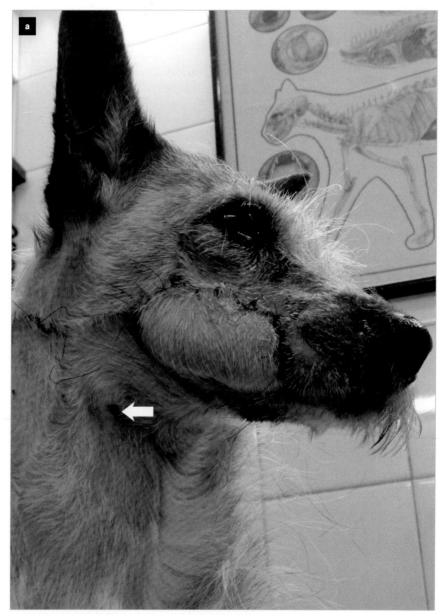

图1-9a　Shara术后15d的照片。腹侧观可见引流管的出口（箭头）。

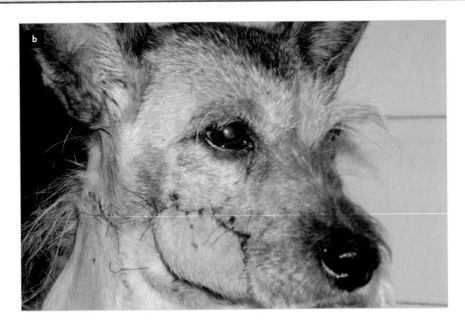

图1-9b Shara术后15d。

组织病理学检查,切除区域边缘干净,无复发性肿瘤的迹象。Shara的生活质量得到保证,但维持此区域的清洁会有些许困难。

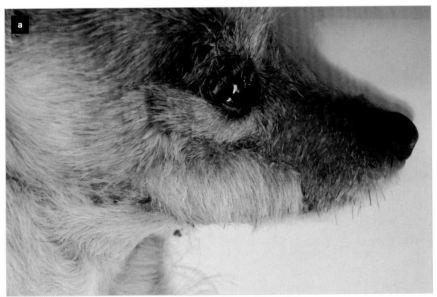

图1-10a Shara术后60d照片,皮瓣愈合后的外侧面。

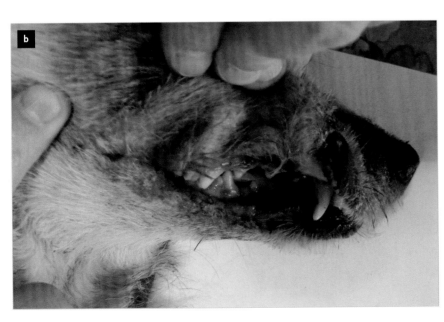

图1-10b Shara术后60d照片,皮瓣愈合后的内侧面。

颧骨腺黏液囊肿

临床常见度	■	■			
技术难度	■				

病例	
名字	Lara
物种	犬
品种	混血㹴犬
性别	雌性、已绝育
年龄	10岁

■ 唾液腺黏液囊肿是指唾液腺管或腺体损伤后，唾液在黏膜下或皮下组织内积聚。

临床症状：第三眼睑腺体下垂伴轻微斜视。

大多数病例和兽医文献中提到唾液腺黏液囊肿的原因是外伤，也可能自然发生。

体格检查

Lara曾接受第三眼睑腺的切除和移位手术。

体格检查时，除腺体下垂外，未发现其他异常（图1-11）。

颧骨腺唾液腺黏液囊肿是一种罕见的唾液黏液囊肿，唾液来自于颧骨腺，后者是主要的唾液腺之一，呈卵圆形，形状不规则，位于眶底，眼睛的腹侧，颧骨弓的内侧（图1-12）。

颧骨腺有多个导管，沿腹侧分布，开口于上颌最后臼齿外侧的黏膜褶上。通常可在此处发现主导管，大致位于腮腺乳头尾侧1cm。

图1-11　第三眼睑下垂（也称樱桃眼），患犬已做全身麻醉。

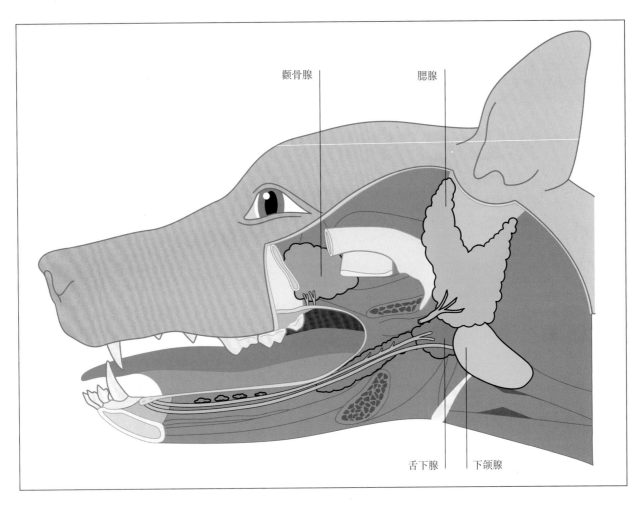

图1-12　犬的颧骨腺（颧骨弓切除后）。注意颧骨腺在眶内的位置。

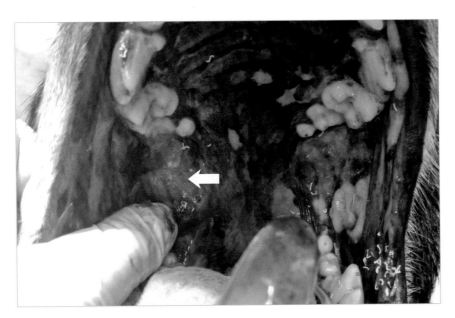

图1-13　动物进行插管后，可见口腔前庭颊侧的黏液囊肿。

手术准备

给犬放置外周静脉留置针，进行诱导麻醉，准备插管时，在前庭颊侧可见一表面不平的无痛凸起。凸起处的口腔黏膜因自咀嚼而呈轻度肿胀和损伤（图1-13）。

手术技术

为了安全起见给动物进行气管插管，保证有一个通畅的呼吸通道，同时收集可能向喉部流动的全部液体。

可在咽部放置折叠的纱布，以免液体向下进入口咽部。

通常来说，相比于口咽部的黏液囊肿（图1-14），颧骨腺黏液囊肿不会危及生命。

咽部唾液囊肿

咽部唾液囊肿的体积过大并阻塞呼吸道时，可转变为危及生命的情况（图1-14）。对不太复杂的病例，其可能造成吞咽困难。

患有咽部唾液囊肿的动物可能出现与上呼吸梗阻相关的任何症状。

引流技术与用于颧骨腺唾液囊肿的引流技术相似（细针抽吸或使用12号刀片切开）。

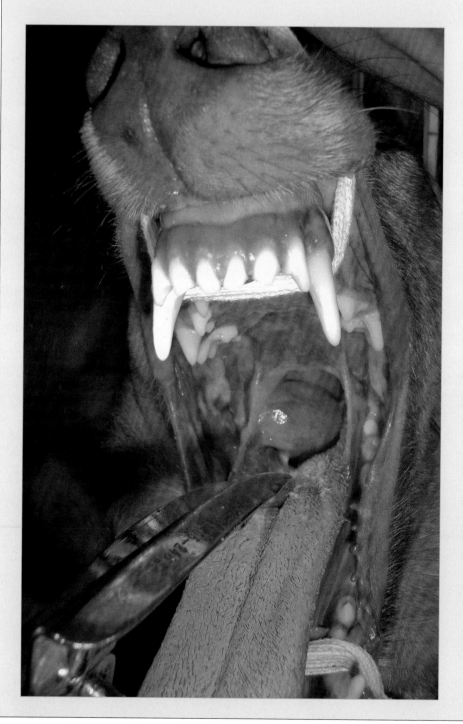

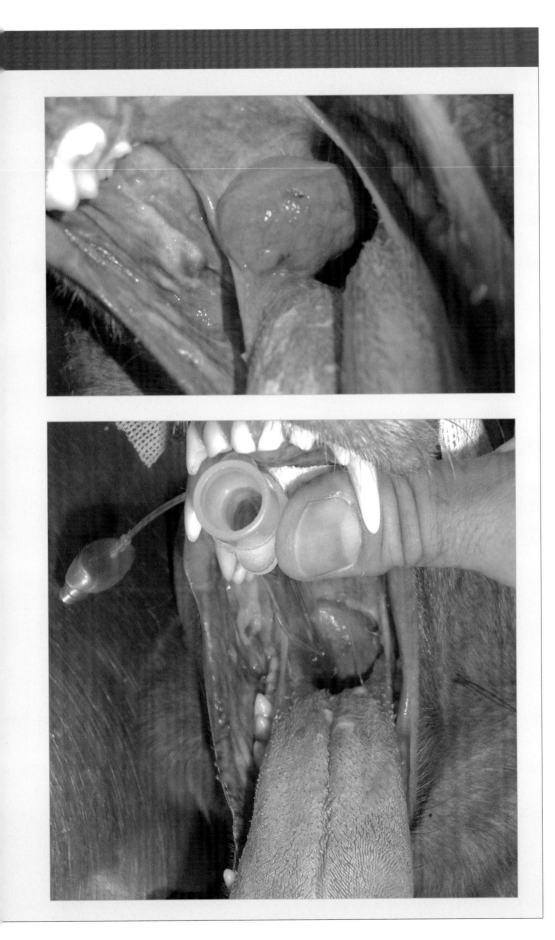

图1-14　咽部黏液囊肿。其位置显示可能有呼吸道阻塞症状。

可抽吸出清亮的、黄色至琥珀色的，或带有血液的黏液，将其从针头处推出时，看起来很黏稠，这是具有诊断性的（图1-15）。

显微镜下，显示细胞计数低，一般来说，细胞数增加提示可能与感染有关。在Lara这个病例中，采用黏液特异性染色，即过碘酸雪夫氏染色，确认其成分为黏液。鉴别诊断也包含脓肿。

收集因唾液腺或唾液导管受损漏出而积聚在组织间的唾液。通常，确切的病因还不明确，但已经有人提出犬对黏液囊肿具有易感性。

黏液囊肿更常见为颈部或口腔内波动性、无痛的肿胀。它们经常被错误地称为唾液腺囊肿，但它们并不存在分泌性上皮。黏液囊肿的内层由炎性组织组成，这些炎性组织是由唾液刺激产生的。作为对唾液的反应，唾液周围逐渐形成一个结缔组织包膜，试图将异物包裹起来。

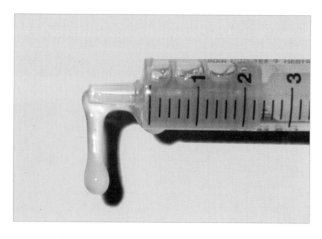

图1-15 来源于黏液囊肿的样本，黏液悬挂在注射器的顶端，可看出唾液黏稠的特性。

 有时，眼眶内液体积聚可引起眼球前移，表现为眼球突出、斜视和（或）眼眶周围肿胀。

本病例的治疗方法与最后臼齿附近球后脓肿所采用的口腔引流技术类似。

最开始对黏液囊肿以引流法治疗，但如果复发，考虑手术切除颧骨唾液腺并对黏液囊肿进行引流。

切除腺体时可将颧弓部分切除，以让腺体所在的眼眶内部位充分暴露。术后，使用骨科钢丝将该骨片重新复位。

一般而言，可见该区域的炎性肿胀。可使用一个弯头的Halsted止血钳、12号刀片或一个注射器及12～14G的针头切开肿胀。进入到炎性区域后，可完成对黏液囊肿的腹侧引流。若肿胀为脓肿，也可采用相同操作。在本病例，因为需要引流的物质过于黏稠，需要大号针头（16～18G），见图1-16。

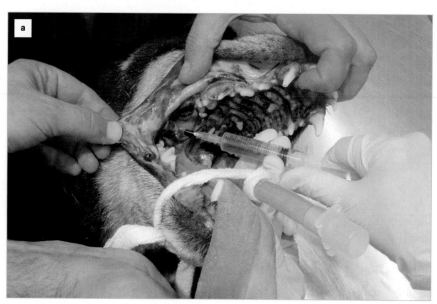

图1-16a 在最后臼齿旁向背内侧将针头插入囊肿。

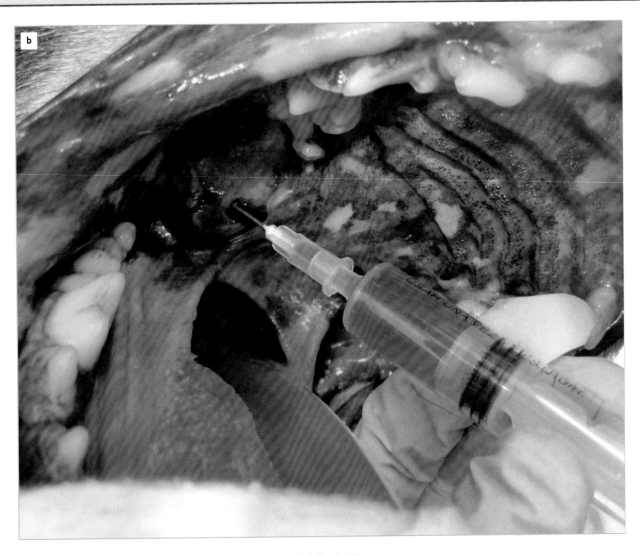

图1-16b 穿刺区域的放大图。注意注射器里充满"蜂蜜"样液体。

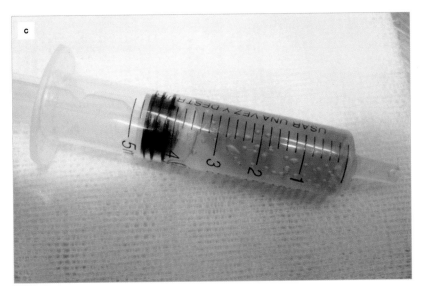

图1-16c 注射器内所示为抽吸自黏液囊肿的液体。

注意事项

单纯对颧骨腺黏液囊肿进行抽吸引流可能只是暂时的解决方法。手术切除受累腺体可消除复发的风险。

对于颧骨腺黏液囊肿造成眼球突出的病例，也建议手术切除受影响的腺体。

本病例中脱出的第三眼睑腺通过改良Morgan包埋技术进行复位。在本病例，未出现唾液腺黏液囊肿复发。

猫舌下缠绕的线性异物

临床常见度						
技术难度						

- 开腹术、肠切开术。
- 适用于任何类型的异物。

临床症状：呕吐、沉郁、厌食、嗜睡。

病例	
名字	Silver
物种	猫
品种	家养短毛
性别	雄性
年龄	3岁

体格检查

该猫呕吐6d，对液体部分耐受。当饲喂固体食物时，该猫会在进食后1～4h内反复呕吐。体格检查可发现体重明显减轻。腹部触诊有轻度不适。其他生命体征均在正常范围内。

该动物之前使用止吐药、止疼药和抗生素对症治疗，治疗效果不佳。

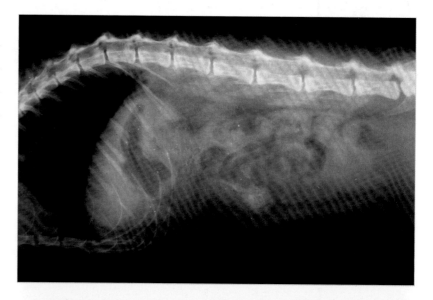

图1-17　腹部X线平片。中腹部肠管轻度扩张。

X线平片提示肠道扩张（图1-17）。使用钡餐造影后确诊（图1-18）。胃排空减慢，在食道和小肠前1/3可见到造影剂。

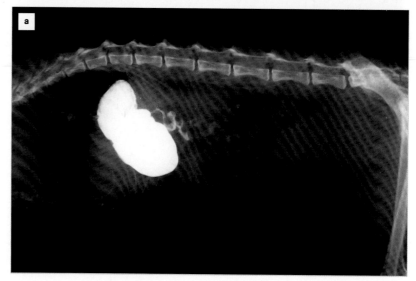

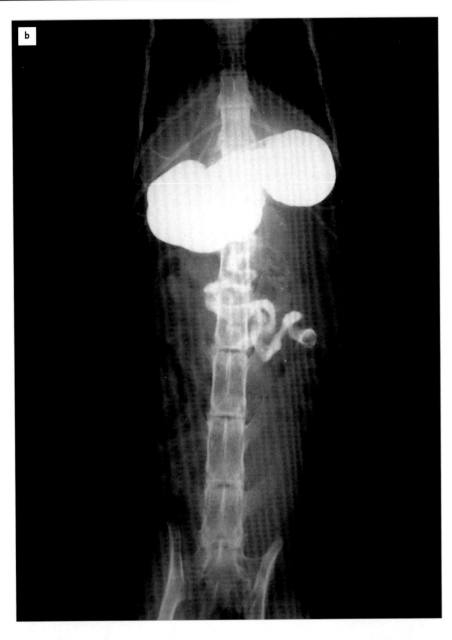

图1-18　胃肠道造影。胃排空减慢。空肠受影响。小肠近段1/3蠕动缓慢。(a) 侧位片；(b) 腹背位片。

45min时，明显可见部分小肠内含有一个类似线性异物（线性异物）的物体（图1-19）。

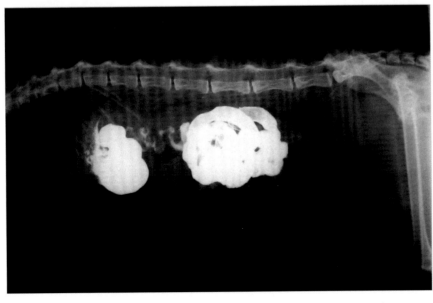

图1-19　胃肠道造影。不透射线的影像与线性异物一致。

适当稳定体况后，进行术前实验室检查。作为体格检查的一部分，进行了口腔检查，随后发现舌下有一根线缠绕着舌系带。

由于在过去2h内疼痛和不适加剧，对该猫进行麻醉并送往手术室，剪断口腔内的线头（图1-20）。

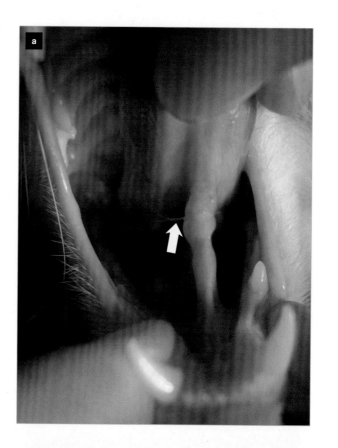

 若怀疑猫吞下异物，一定要进行口腔检查，尤其是舌头下面。猫喜欢玩耍羊毛或纤维，有时还会将针一同吞服。

手术准备

腹部根据标准流程进行剃毛和预备。剃毛区域用聚维酮碘擦洗，然后喷洒聚维酮碘溶液。

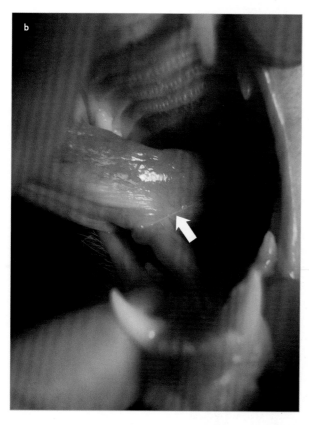

图1-20 （a）和（b）一根纤细的几乎看不见的线在舌下缠绕着舌系带，几乎嵌入其中。（c）用剪刀尖将线挑起，此时可以看得更加清楚。

手术技术

从剑状突至后腹1/3，沿腹中线进行开腹术，可更好地检查腹腔。

一旦腹腔被打开，由于肠道蠕动，可看到一小段皱襞的小肠，试图将线性异物排出（图1-21）。肠系膜边缘尚未发生穿孔。

一旦切断线性异物，小肠的张力得到释放，避免其遭受进一步的损伤。

未发现其他明显的异常。小肠的其余部分以及附近的腹部器官尚未受到任何损害。

对全段小肠进行检查时，用湿润的腹部垫放置在腹腔开口周围，以防止在操作器官时意外将肠道内容物溅入腹腔。然后将肠管掏出腹腔，用更多湿润的纱布包裹，以更好地保护肠管。在肠道的最远端进行肠切开，轻轻将线性异物拉出。通过对小肠轻柔按摩及揉捏，最后将线性异物剩余的部分取出（图1-22）。

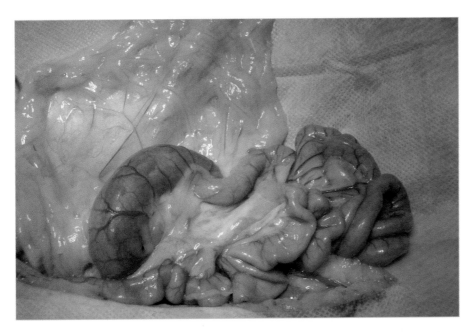

图1-21　显示小肠因线性异物而出现皱襞。皱襞小肠的肠系膜缘未见明显损伤。

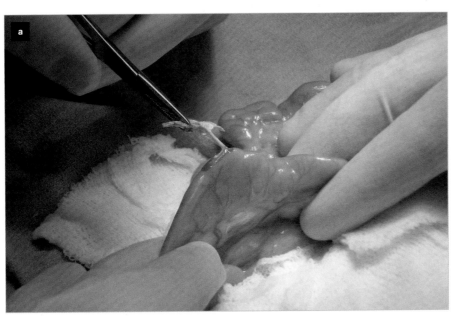

＊ 必须轻轻操作肠管，避免进一步损伤肠系膜缘。

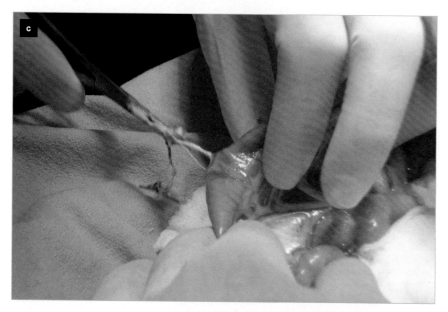

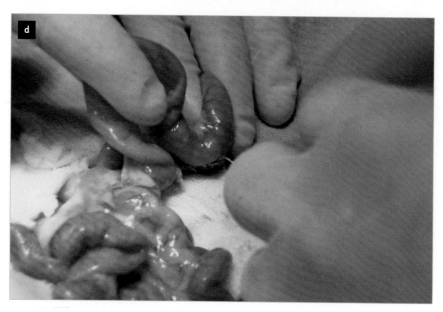

图1-22 肠切开。从小肠取出线性异物。（a ～ d）必须轻轻拉，以免割破肠管。

取出线性异物后，检查进行肠切开的部位，尤其是肠系膜侧，由于肠蠕动，线可能像锯一样割伤肠管。使用4/0单股可吸收缝合线，采用简单间断水平缝合闭合肠切开处（图1-23）。

如果需要，可对翻转的肠黏膜进行修整，这样边缘与浆膜面齐平，有利于对合。若患猫白蛋白水平小于等于2.0g/dL，应考虑使用单股不可吸收缝合材料（尼龙或聚丙烯）。不建议使用铬肠线。

最后，用水进行测试，评估是否有泄漏的地方。此病例中未见泄漏（图1-24）。对于任何大型腹部手术，在闭合腹腔前都要进行大量的腹部灌洗和抽吸。检查没有纱布遗漏后，常规闭合腹腔。

> ✳ 缝合肠管时，每一针都必须带到黏膜下层，因为这一层是持力层。当肠被切开时，会产生不同程度的黏膜外翻，形成"蘑菇样"外观，这也应注意。

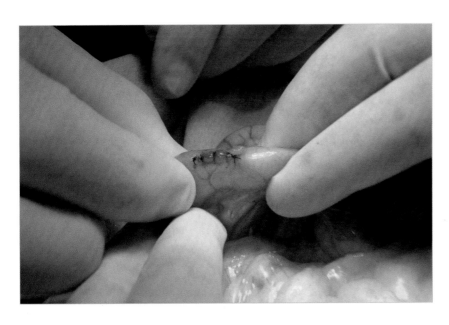

图1-23　简单间断水平缝合。

进展

进展平稳。根据规程，对该猫进行抗生素和镇痛治疗，以及液体支持。

术后12h时，开始饲喂软食。该猫最初拒绝进食，但12h后少量进食，且未呕吐。术后48h时，它的食欲逐渐恢复正常，能够像平时一样进食。术后7d拆线时动物主人并未汇报任何并发症。

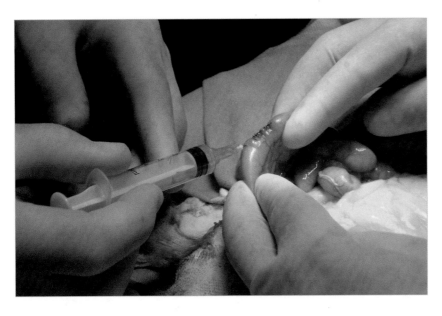

图1-24　注水测试。结果呈阴性。

严重的面部外伤

临床常见度	■				
技术难度	■	■	■	■	■

- 被车撞伤的犬。
- 面部重建。放置食道饲管。

病例	
名字	Less
物种	犬
品种	Grenadian Pompek
性别	雄性、未去势
年龄	1.5岁

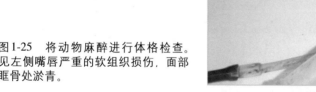

临床症状：外伤、1h前被车撞伤，急诊转诊。

体格检查

将患犬麻醉，插管，进行完整的体格检查（图1-25）。其面部有多处骨折，包括上颌骨、鼻骨、硬腭骨和下颌骨，有广泛的软组织损伤，鼻腔内组织暴露，有严重出血（图1-26和图1-27）。

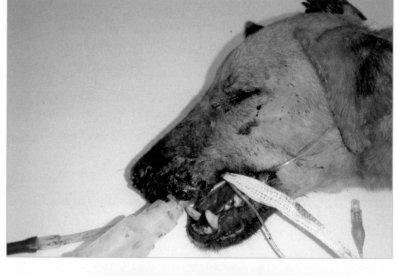

图1-25 将动物麻醉进行体格检查。可见左侧嘴唇严重的软组织损伤，面部和眶骨处淤青。

采血后进行输液治疗，稳定患犬体况。使用广谱抗生素，以及镇痛药和NSAIDs。

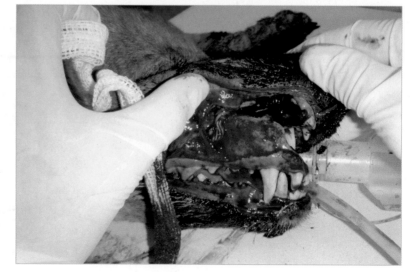

图1-26 右侧观，硬腭严重脱套伤。可见眶下神经。

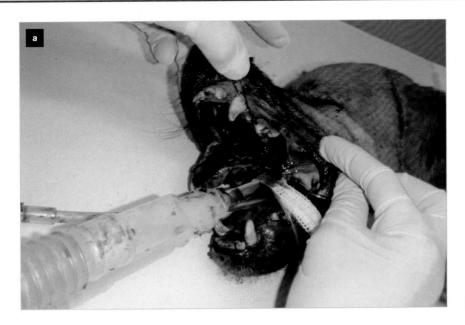

图1-27a　左侧观，鼻骨及口腔从断裂的硬腭分离。

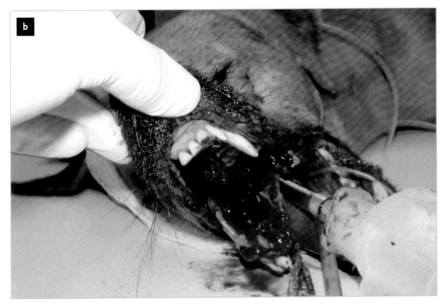

图1-27b　前侧观，硬腭一分为二。

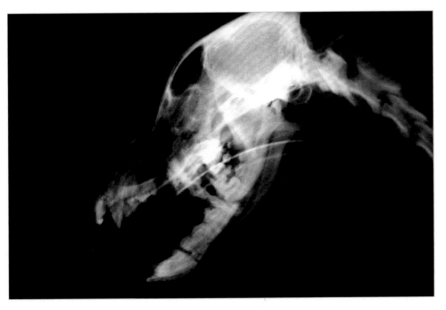

经过初步的体格检查后，进行了头部和胸部X线检查。头部X线检查证实了体格检查的发现，而胸部X线检查未显示其他异常（图1-28至图1-30）。此外，还放置了尿管以监测患病动物的尿量。

图1-28　X线侧位片提示骨损伤。

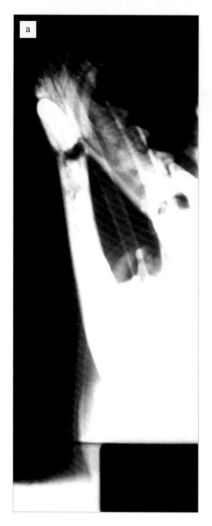

图1-29a　下颌骨折。

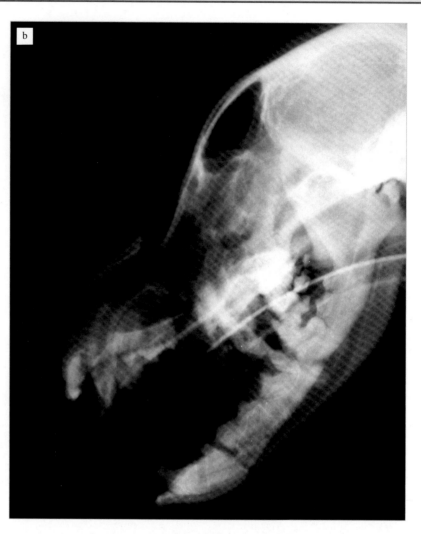

图1-29b　鼻骨、腭骨、下颌骨多处骨折。

手术准备

　　由于严重的炎性反应，需要对患犬进行密切监测，在剧烈的炎症逐渐消退后再考虑进行手术治疗。

　　左侧颈部广泛剃毛并使用4%洗必泰刷洗，铺创巾之前喷洒4%洗必泰溶液，给予充分的接触时间。

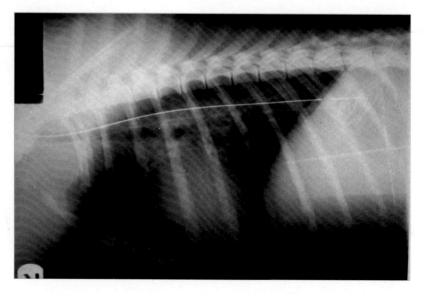

图1-30　胸腔侧位片。

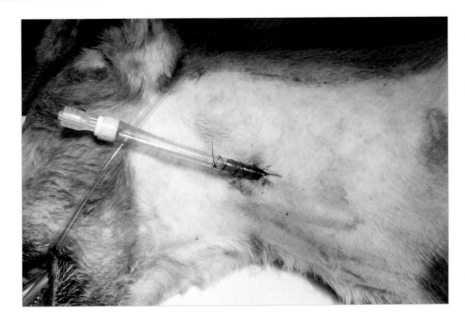

手术技术

　　根据本书描述的技术放置食道造口饲管（图1-31和图1-32）。

图1-31　放置食道造口饲管并使用指套缝合固定。

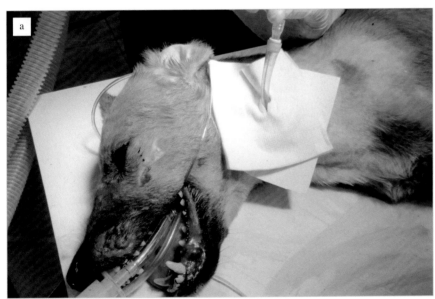

图1-32a　最初的包扎。

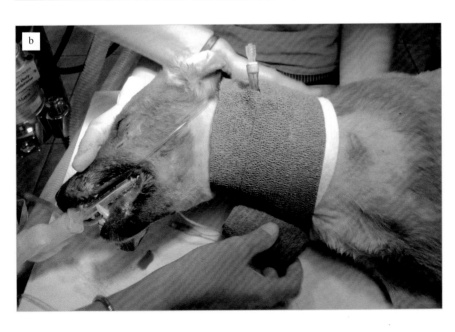

图1-32b　围绕颈部放置绷带，保护食道饲管。

为了在手术前保持硬腭骨折的对位，用3/0单股尼龙线缝合损伤的黏膜（图1-33），可间接达成鼻骨的复位。

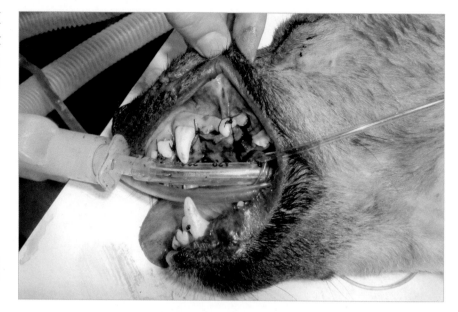

图1-33　缝合软组织（唇黏膜及牙龈黏膜），维持暂时性的骨折对位，直至手术。

由于软组织炎症和水肿严重，理想情况下应放置嘴套，但由于该动物非常抗拒而放弃（图1-34）。未放置嘴套也是担忧呕吐时有误吸的风险。

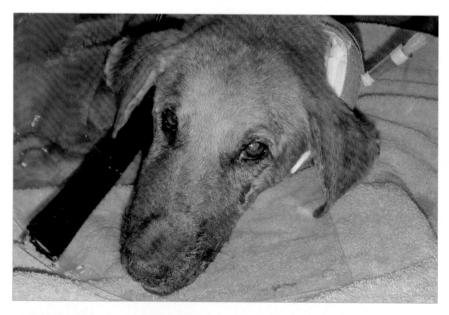

图1-34　初诊后，患犬24h佩戴伊丽莎白项圈。

48h后，动物状态好转，进行手术修复头部/面部损伤（图1-35）。

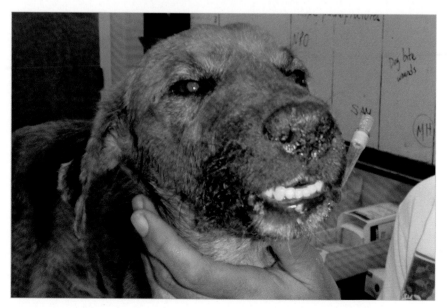

图1-35　住院48h后，动物存在经口呼吸的情况。鼻孔周围可观察到碎片和结痂，炎症有所减轻，以鼻梁部位缓解最为明显。

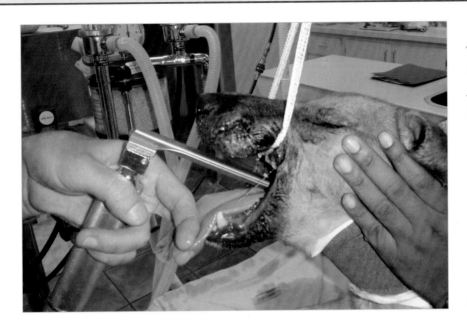

对动物进行麻醉，以便进行手术（图1-36和图1-37）。将动物放到手术台上后，开始对伤口进行清理（图1-38）。

图1-36　麻醉诱导。

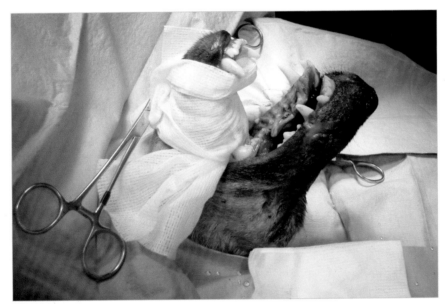

图1-37　摆位后准备进行修复手术。

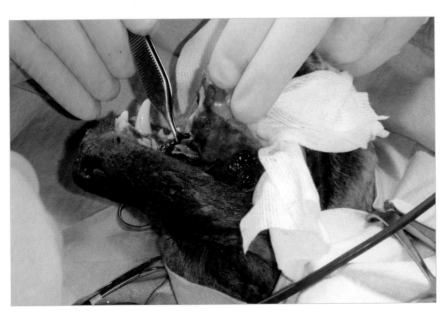

图1-38　清创。

拆除暂时性缝线。对所有组织进行清创，移除骨碎片，冲洗所有腔隙（鼻腔和口腔）。紧接着，开始对骨折进行复位（图1-39）。

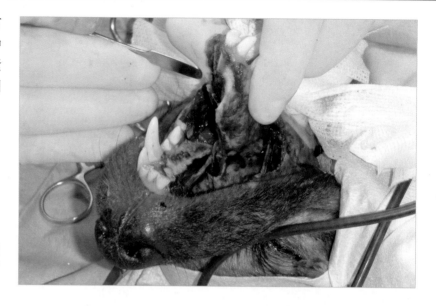

图1-39 图中所示为硬腭缺损。骨折部位裂为两部分，可以看到部分鼻腔。

一旦骨折复位，使用骨钻，在每一块骨片上钻孔，用骨科钢丝固定（图1-40至图1-42）。

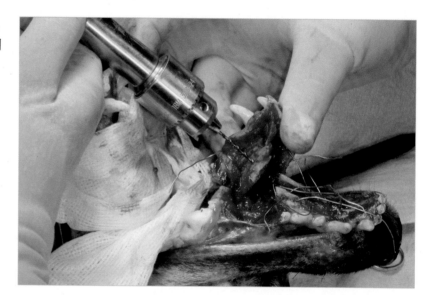

图1-40 钻孔以使钢丝能顺利通过。

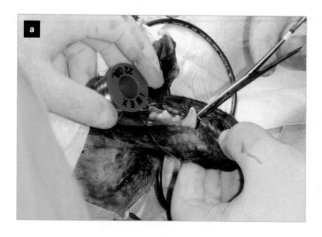
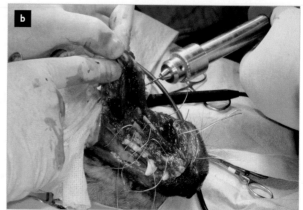

图1-41 （a）和（b）放置钢丝。

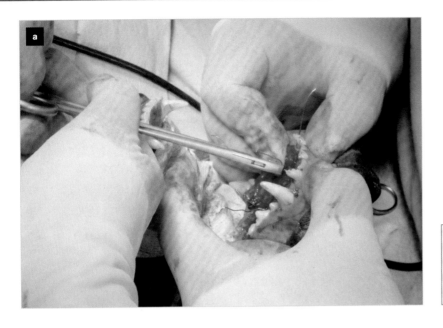

对于这类创伤，应通过治疗尽可能恢复其良好功能及正常外观。

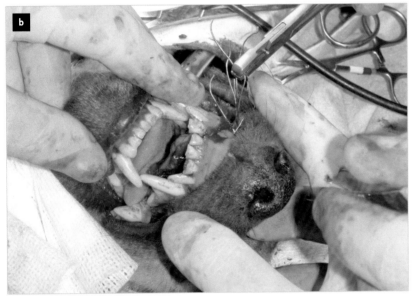

图1-42 （a）和（b）拧紧预置的钢丝。

先修复鼻骨和硬腭，然后修复下颌及软组织（图1-43）。

上颌和硬腭一共放置7个钢丝，右侧下颌骨放置2个钢丝，左侧放了1个。

由于受动物主人经济条件的限制，我们选择了钢丝，而非外固定装置或克氏针及丙烯酸树脂。

使用3/0单股可吸收缝线缝合黏膜。对嘴唇的病灶边缘清创，用3/0单股尼龙线与皮肤缝合。

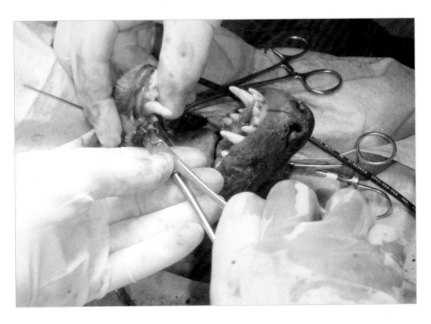

图1-43 修复下颌。

注意事项

根据Less的基础能量需求，我们为它制备了特殊的混合流食，经饲管饲喂并逐渐增加饲喂量。

术后2周，拍摄X线复查（图1-44）。骨骼愈合良好，口腔内未发现坏死组织。术后两周，获得良好的功能和外观（图1-45）。

在治疗过程中，如果由于进食或饮水而弄脏了包扎材料，就必须更换。可在造口周围涂抹婴儿护肤油或矿物油，以保护皮肤。也可使用抗生素软膏。

术后2周，拆除饲管（图1-46）。

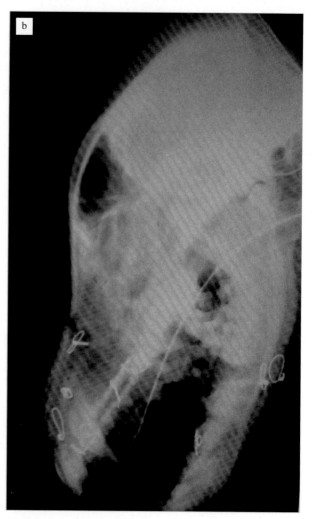

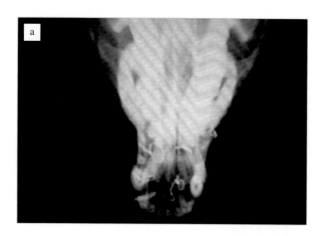

图1-44a　术后X线（背腹位）。

图1-44b　术后X线（侧位）。

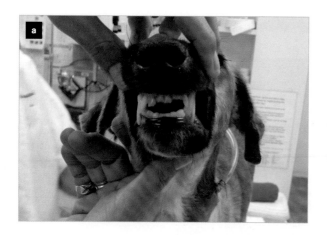

图1-45a　术后2周的Less。从前侧能观察到良好的功能和外观。

图1-45b　术后2周的Less。鼻子的侧面观。

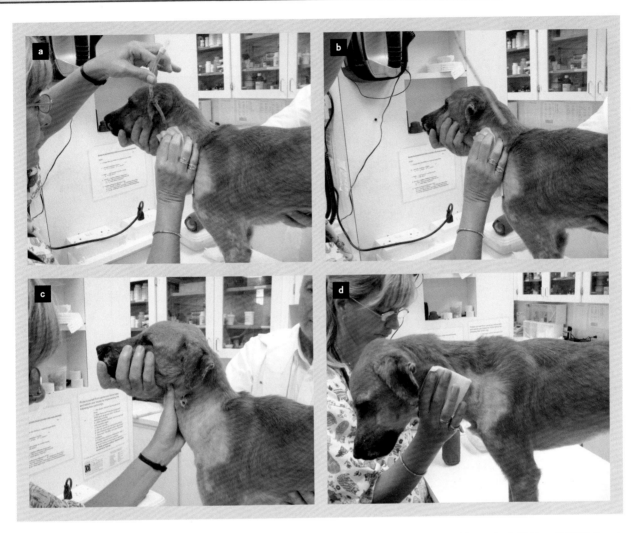

图1-46 （a）术后15d，拆除饲管。（b）剪断皮肤附着物（指套缝合），缓慢拔出饲管。（c）食道造口术后形成一个孔。（d）食道孔必须使用少量绷带进行暂时性包扎，直到出现二次愈合。

图1-47 Less恢复良好，并在初诊后36d出院。

进展

该动物在首次就诊的36d后出院（图1-47）。Less住院这么长时间是因为其主人无法遵守术后的立即治疗和在家照顾Less。

告知主人在骨头完全愈合之前，不要让Less吃或咀嚼任何坚硬的食物或物体。

骨折固定和伤口愈合良好，动物的身体状况有所改善，Less恢复正常生活。

环咽肌失弛缓症

临床常见度	■	■	□	□	□
技术难度	■	■	■	■	□

名字	
名字	Brillito
物种	犬
品种	迷你雪纳瑞
性别	雄性
年龄	6月龄

■ 这是犬吞咽困难的一种罕见原因，但该病可治疗。

■ 发病原因不明，怀疑起源于先天因素。

■ 这种情况通常在幼犬断奶后开始进食固体食物时表现出来。

> 临床症状：自幼犬一月龄断奶以来持续出现吞咽困难的症状。

这只患犬（图1-48）自一月龄断奶后就一直表现出吞咽困难的症状。主人通常使用一个带有特殊奶嘴的奶瓶喂养该犬，该奶嘴可以将食物直接导入咽喉。

> 正常吞咽涉及三个阶段：口咽、食道和胃食道。当上食道括约肌无法放松时，这种疾病就会在食道阶段表现出来。

> 环咽肌失弛缓症是吞咽过程中位于口咽部分的环咽阶段存在功能障碍。食物团块并未通过口咽进入颈部食道，这是因为环咽肌未能与其他咽肌收缩协调放松。

在食物到达气道时Brillito会出现咳嗽的症状。该犬并没有表现出过度流涎，也能够吞咽下自己的唾液。除了与吞咽障碍相关的其他疾病外，还被怀疑存在环咽肌性咽下困难。

经钡餐食道造影检查确认了诊断。食物团块进入食道后，在喉下咽肌水平处停止运动。也对食道运动能力进行了评估，所得到的结果提示正常。还进行了胸部X线检查，以排除吸入性肺炎。

这种类型的吞咽困难的外科手术解决方法是环咽肌切除术。

> 在尝试任何手术之前，应妥善处理吸入性肺炎和/或营养不良问题。

术前准备

尽管有侧面切口可以选择，但在该病例中选择了腹正中线切口。从下颌角到胸腔入口处进行了广泛备皮剃毛。按照标准技术对患病动物的颈部腹侧进行了氯己定消毒。患病动物采取仰卧位，颈部下方垫有小毛巾将其向上托起。可使用胶带将下颌固定在手术台上，以防手术期间患犬头颈发生滑动。

图1-48　Brillito首次就诊时的状态。

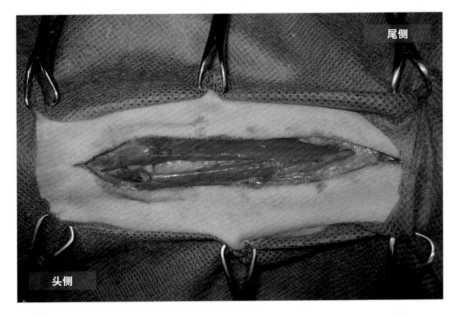

手术技术

在腹正中线处切开皮肤，切口始于喉的头侧，止于距胸腔入口几厘米的位置。在这个水平，皮下组织通常很薄，常与皮肤一起切开。使用钝性分离法分离成对的胸骨舌骨肌（图1-49）。

图1-49　钝性剥离胸骨舌骨肌以暴露气管及喉部。

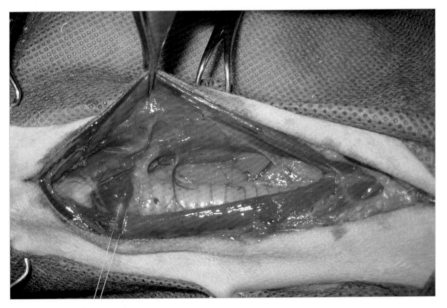

此时能看到气管和喉部。抓持甲状软骨的背侧缘，将其旋转180°并保持不动，在甲状软骨的边缘穿过一根悬吊缝线，如图1-50所示。食道可以在图1-51中气管的背侧位置看到（黄色箭头）。在食道内放置一支食道听诊器，以便外科医生可以轻松地触摸到它并作为解剖参考。注意保护气管背外侧的喉返神经。

图1-50　对甲状软骨边缘使用缝线进行悬吊。

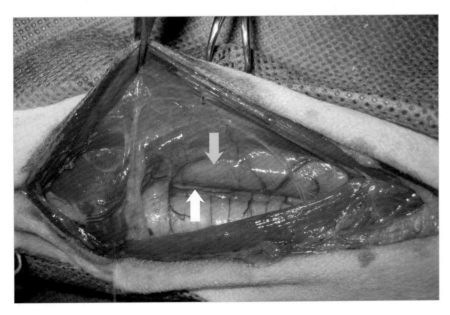

＊　在旋转喉部时，最好将气管插管的气囊放气，以防止气管损伤。建议同时插入口胃饲管或食道听诊器，以便在整个手术过程中随时识别食道。

图1-51　食道（黄色箭头）及下方的左侧喉返神经（白色箭头）。

助手通过放置一种精细的牵开器，如Miller-Senn牵开器，并轻轻侧向牵拉预留缝线，使喉部保持旋转并处于便于外科医生剥离环咽肌的适当位置（图1-52）。

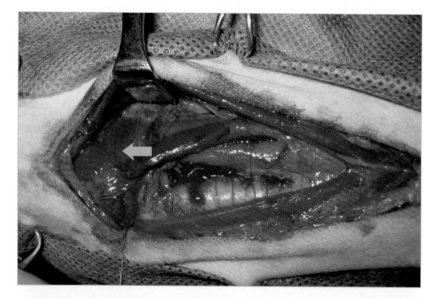

图1-52　箭头所指部位即环咽肌。

如图1-53所示，可以轻松暴露旋转的环咽肌和甲状咽肌以及食道。

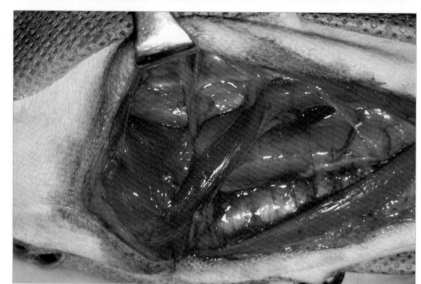

图1-53　甲状咽肌与食道。

为了避免穿孔食道（食道位于环咽肌和甲状咽肌下方，如图1-54所示），环咽肌和甲状咽肌的剥离必须非常谨慎。

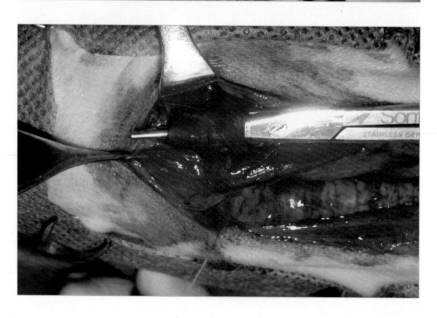

图1-54　钝性剥离环咽肌和甲状咽肌后部。

环咽肌和甲状咽肌的切除是在肌肉插入中央缝处进行的（图1-55）。

图1-55　环咽肌和甲状咽肌切除术。

将喉部旋转到另一侧，然后在中央缝的另一侧重复上述程序（图1-56）。每侧均去除了一小段肌肉，以防再次出现问题。

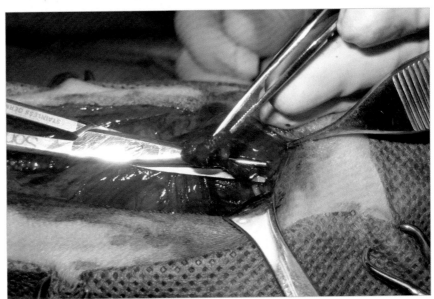

图1-56　中央缝对侧同样进行肌切除术。

＊　对于其他形式的咽喉吞咽困难，进行环咽肌-肌切除术是禁忌，因为它可能增加吸入性肺炎的发生率。

诊断

切除的组织被送去病理学检查以进一步排除神经肌肉相关疾病。分析结果显示肌肉组织并无异常。

进展和注意事项

接受此手术的患犬应该留院观察至少24h，或者如果在肌肉切割过程中不慎造成了食道穿孔，则应该留院观察至少72h才能提供食物。这段时间可以让穿孔部位发生愈合。

在这个病例中，患犬需要两周时间才能开始正常吞咽固体食物。恢复的过程进展缓慢但持续向好。

患有环咽肌失弛缓症的动物看起来非常健康，除非它们因呛咳、干呕、吞咽后返流或喷射出食团造成吸入性肺炎，或虽然表现贪食但非常消瘦。

手术切除构成上食道括约肌的环咽肌及甲状咽肌对治疗此病有很好的进展。

舌切除术

临床常见度	■	■	□	□	□
技术难度	■	■	■	□	□

病例	
名字	Helga
物种	犬
品种	萨摩耶犬
性别	雌性、已绝育
年龄	8岁

■ 部分或舌全切除术。
■ 适用于该部位存在创伤，肿瘤和/或坏死的动物。

临床症状：进食困难，口腔间歇性出血。

体格检查

通过短时间麻醉，对患犬进行全面评估，包括病变的外观、范围（图1-57）、其他疾病表现和区域淋巴结的受累情况。

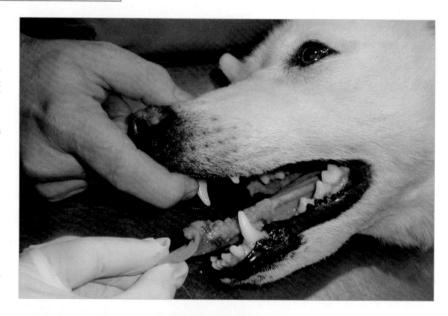

图1-57 在全身麻醉情况下对患犬进行彻底检查。

肿瘤占据了舌头长度的约30%（左侧），而其余70%的部分未受影响（图1-58和图1-59）。

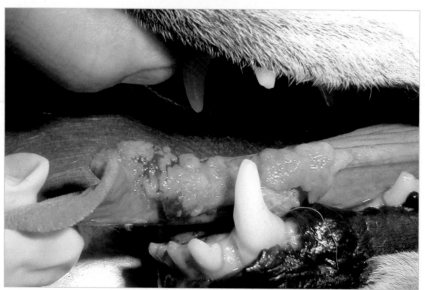

图1-58 舌部肿瘤的放大图。

术前准备

　　这是一台清洁-污染手术，因为手术操作是在口腔内进行的。

　　应对手术区域使用1∶10稀释的聚维酮碘或1∶30稀释的氯己定盐水溶液进行消毒。整个口腔被清洗多次（图1-60），用卷起的纱布块堵住咽喉，以防止液体吸入。

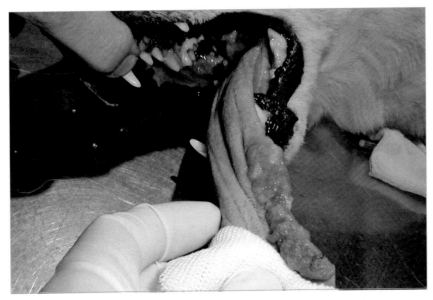

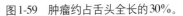
手术前进行仔细的体格检查非常重要。

图1-59　肿瘤约占舌头全长的30%。

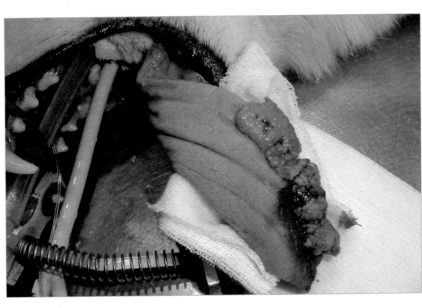

图1-60　术前准备包括使用稀释的抗菌溶液清洁口腔。

手术技术

将开口器放置在肿瘤对侧的犬齿处。患犬侧卧，正常侧在下方（图1-61）。嘴巴稍微抬高，将毛巾卷起垫在下方作为支撑。将干净的纱布放在舌头下方，并使用在稀释消毒液中浸泡过的纱布再次清洁整个口腔，以完成手术区域的准备工作。

在舌头周围放置创巾或洞巾，预计保留大约2cm的安全边缘（图1-62）。

在拟定的切口线外约1cm处留置垂直褥式缝线，以帮助止血（图1-63）。先放置一侧，再放置另一侧。

为了方便对舌头进行操作，建议在每侧放置牵引线（图1-64）。用止血钳夹住牵引线的末端，将其作为把手，有助于对舌头的操作。

图1-61　患犬侧卧，手术侧朝上。

> ＊ 口腔黏膜上使用电刀必须小心，因为这可能会引起严重的炎症反应。作为止血的另一种替代方法，建议使用双极电凝器。

图1-62　在建议切口（红色）的外围2cm处以外放置创巾（黄色）。

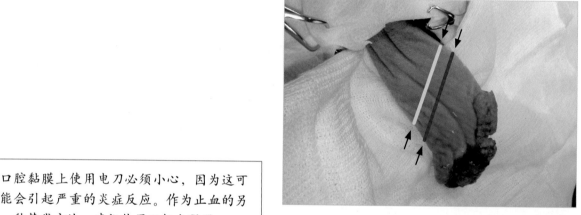

图1-63　预先留置的缝线可以控制过度出血。

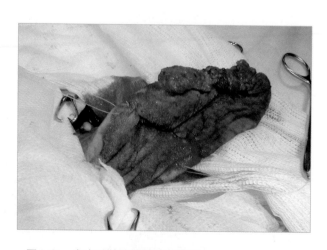

图1-64　应在舌的两侧放置牵引线。

图1-65　需要切除的舌的范围。

在对缝合线所处位置进行确认时，反复观察舌的背侧和腹侧非常重要，图1-65展示了需要切除的舌的范围。

使用手术刀，在预置缝线的头侧约0.5cm处切开（图1-66）。

切除舌部的病变部分后，使用间断缝合或足够紧密的连续缝合将切口的边缘缝合在一起（图1-67）。使用3/0单股尼龙线以简单间断缝合法将伤口边缘缝合在一起（图1-68）。

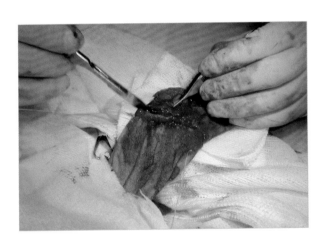

图1-66　最初的切口。

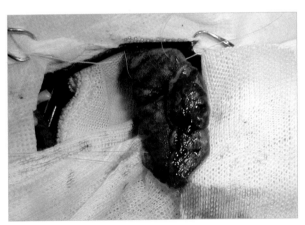

图1-67　边缘对齐对于良好的闭合至关重要。

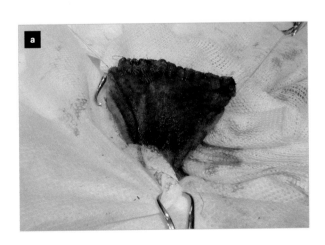

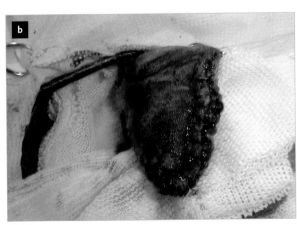

图1-68　使用3/0单股尼龙线缝合边缘。

应当在这些动物麻醉苏醒前放置食管饲管。这样做是为了让它们在重新适应进食和饮水的过程中能有足够的营养摄入。可以使用20Fr*红色橡胶管或K10医用级软塑料或硅胶导管（图1-69）。

图1-69　放置完毕食道饲管。

饲管应该用颈部绷带进行固定（图1-70）。饲管开口应使用盖子塞紧。使用饲管前后必须用水清洗管道，以防止管道堵塞。

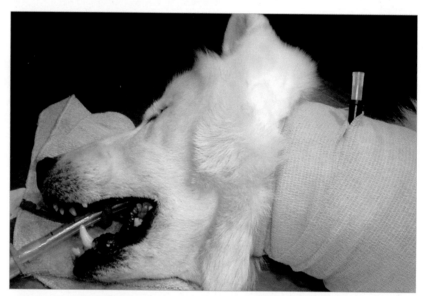

图1-70　颈部应使用绷带进行包扎。

同时建议使用伊丽莎白圈。可以使用足枷（图1-71）来防止患病动物抓挠患处。术后外观见图1-72。

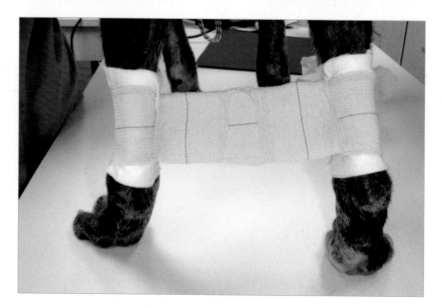

图1-71　足枷可以避免动物自我损伤。

*Fr为非法定计量单位，是导管外径的度量单位，1Fr=1/3mm。

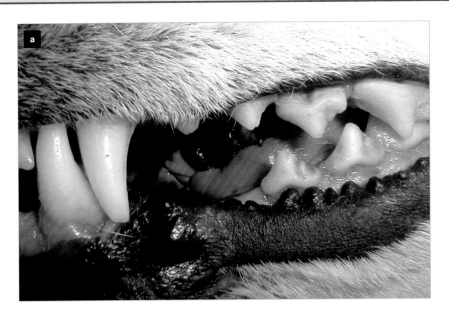

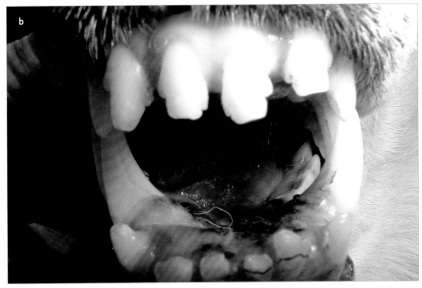

图1-72　术后外观。（a）侧面；（b）口内观。

诊断

组织病理学诊断为鳞状细胞癌。

注意事项

Helga被训练使用专门设计的猪用奶嘴型饮水器（图1-73）饮水。通过用嘴向上触碰奶嘴型饮水器，能够让水流出。饮水器的高度必须调整到易于饮用的位置，从而避免潜在的呛水问题。

如果切除的部分比本文提及的情况要少，动物很快就能学会如何用较短的舌头饮水。作为客户教育的一部分，呛水是值得强调的问题。

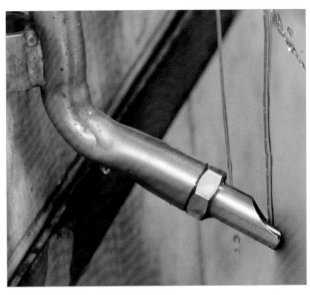

图1-73　猪用奶嘴型饮水器。

舌横切术

临床常见度	■	■	□	□	□
技术难度	■	■	■	□	□

- 该手术适用于舌头前端肿瘤的病例。
- 如果没有转移，该手术可作为根治手术方法。

病例	
名字	Rex
物种	犬
品种	混血德国牧羊犬
性别	雄性、未去势
年龄	8岁

> 临床症状：间歇性出血、流涎和口臭。

体格检查

就诊时症状包括间歇性出血、流涎及口臭。检查中还可以观察到舌头腹侧的溃疡灶，切舌尖形状异常（图1-74）。这些情况造成了患犬的不适感。

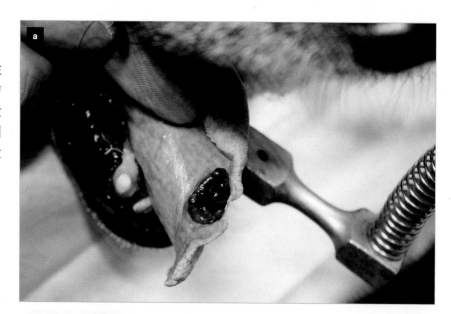

图1-74a　可见舌头腹面溃疡。

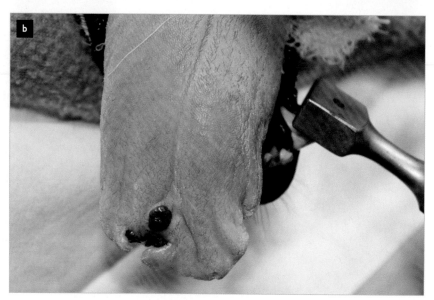

图1-74b　舌头尖端劈裂（背侧）。

手术准备

按照标准术前准备方式进行手术准备。

患犬为趴卧位，头部用胶带固定在手术台上以限制活动。使用开口器保持口腔张开（图1-75）。

口腔内可用氯己定（1∶9）稀释溶液冲洗，以减少污染物。尽管舌头已经向外及向下牵出，喉部仍应使用纱布填塞以防止"擦洗"造成液体误吸。

> 口腔手术均被视为清洁-污染手术（表1-1），因为消化道均为有菌环境，其对术部造成污染较为常见，总体感染率约为10%。

Rex的头部应使用创巾完全覆盖，像任何无菌手术一样，尽量减少污染。

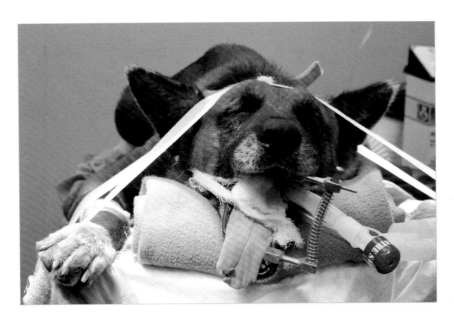

图1-75　患犬趴卧，准备进行手术。

表1-1　手术创口分类

I级	清洁	无感染的手术切口，在手术中也未见组织炎症，也未涉及呼吸道、消化道、生殖道或未感染的泌尿道。此外，清洁创面主要采用直接缝合，如有必要，使用闭合式引流。如果手术切口满足标准，那么非穿透性（钝性）创伤后的手术切口也应被归为此类
II级	清洁-污染	手术在可控条件下进行，手术切口触及没有异常污染的呼吸道、消化道、生殖道或泌尿道。具体而言，涉及胆道、阑尾、阴道和口咽部的手术切口均属于此类。其重要条件是未发现感染迹象及未出现重大技术失误
III级	污染	意外所造成的新鲜、开放创伤。此外，如果手术中出现违反无菌操作技术的事件（如进行了开胸心脏按摩）或者肠道有明显的溢出现象，以及切口遇到急性非化脓性炎症，都应被归为此类
IV级	污染-感染	带有坏死组织的陈旧创伤，以及穿孔脏器的创伤造成临床感染后的创伤。这个定义表明，在手术前，导致术后感染的微生物已存在于手术区域中

改编自Simmons BP (1982)（Guideline for prevention of surgical wound infections. *Infect Control*; 3:185-196）and Garner JS (1986)（CDC guideline for prevention of surgical wound infections, 1985. Supercedes guideline for prevention of surgical wound infections published in 1982. *Infect Control*; 7(3):193-200）。

手术技术

为了实现对血管低损伤封闭作用，同时也避免对舌头造成挤压伤，可使用Doyen肠钳来暂时性止血（图1-76）。

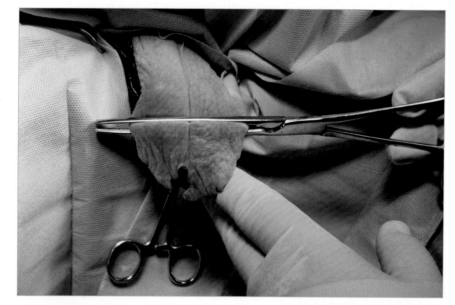

图1-76　使用Doyen肠钳暂时止血。

然后，在舌头上制作横向切口（图1-77a）；也可使用电刀来进一步切割需要切除的组织（图1-77b）。

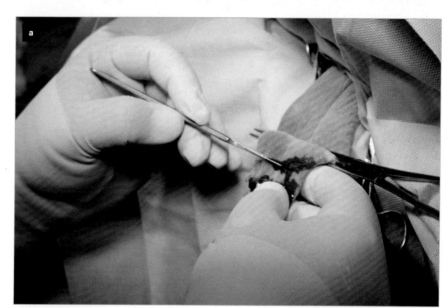

图1-77a　使用手术刀在舌面上做横向切口。

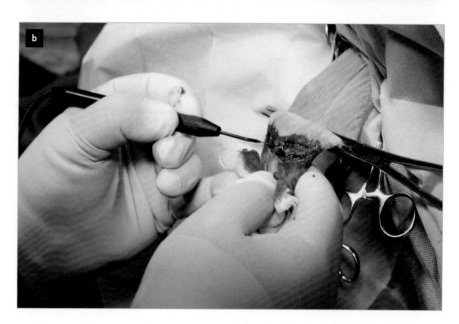

图1-77b　使用电刀进行细致的止血。

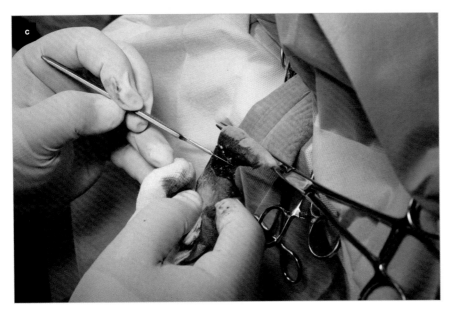

舌头的剩余部分使用手术刀移除，并做止血处理（图1-77c和图1-78）。

图1-77c　移除全部病变部分。

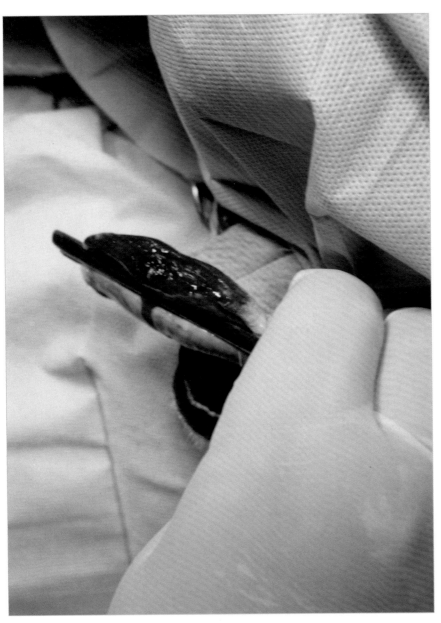

图1-78　舌头的剩余部分。

使用3/0单股可吸收缝线，以简单连续缝合的方式开始，对舌体背腹侧面的剩余部分进行缝合（图1-79）。这种缝合方式可用于渗血情况时的止血。图1-80和图1-81显示完成了缝合。

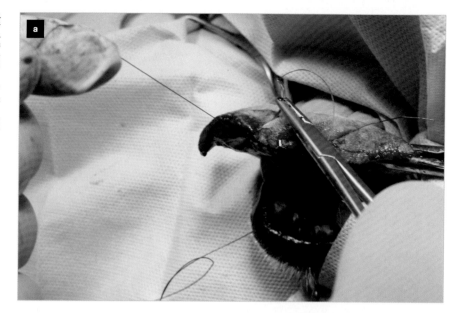

图1-79a　闭合舌缺损。

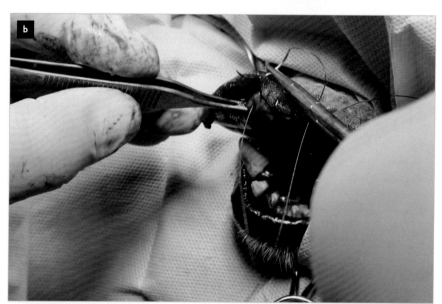

图1-79b　将舌的背侧与腹侧仔细对合。

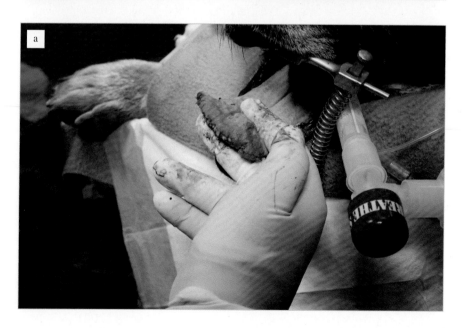

图1-80a　闭合后的背侧观。

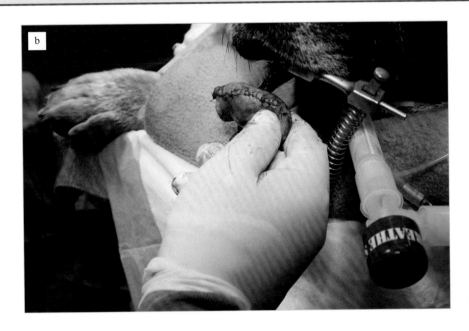

图1-80b　闭合后的腹侧观。

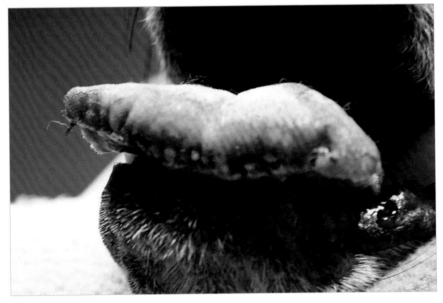

图1-81　缝合部位的放大图。

诊断

病理诊断为舌血管瘤。

进展和注意事项

患犬的康复过程顺利，6个月后没有复发。

与较高生存率显著相关的预后因素包括：肿瘤体积较小，未出现口腔肿块的进展性临床症状（如吞咽困难、呼吸困难），以及在诊断时未发现转移。

肿瘤仅局限在舌部生长的犬可能有更好的预后。舌前部的病变通常具有更好的预后的原因是，肿瘤在早期即可被发现，而且更适合手术治疗，且尚无明显的转移迹象，更可能是生长缓慢的良性肿瘤。舌后部的病变预计会在疾病进程中较早出现转移，这可能是由于该区域淋巴和血液供应更丰富，也可能是由于诊断时常处于肿瘤生长的后期。

楔形舌切除术

临床常见度	■	■	□	□
技术难度	■	■	■	□

■ 与舌横切术适应证相同。
■ 术后效果更加美观。

临床症状：口腔滴血，明显厌食，口臭。

病例	
名字	Leo
物种	犬
品种	混血犬
性别	雄性、已去势
年龄	7岁

体格检查

在体格检查中，患犬整体情况良好，除了在舌尖观察到一个小肿块外，没有发现其他异常。据动物主人称，尽管有时Leo看起来十分饥饿，却不愿意主动进食。

初步的诊断性检查包括：全面血细胞计数、血清生化指标检查和肿块的超声检查。进一步的检查包括：全身麻醉下进行咽部和胸部X线检查以及全面的口腔检查。

血常规和生化检查结果均无异常，胸部X线检查未发现转移的迹象。此时主治医生决定对leo进行手术以切除病变。

手术准备

按照标准手术准备步骤对患犬进行手术准备。保持趴卧位，将头部用胶带固定在手术台上以限制运动。使用开口器维持口腔张开。

可以放置牵引线来辅助对舌头进行操作，从而减少镊子对舌头造成的额外损伤。

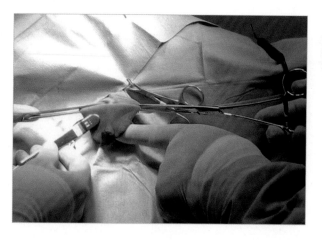

图1-82　观察舌尖部位的肿物。

* 当舌肿物体积较小时，口腔出血可能因为被动物吞咽而未能被动物主人发现。

手术技术

观察病变的位置、外观和大小（图1-82和图1-83）后，在使用Doyen肠钳减少出血的情况下，制作三角形缺损（图1-84）。

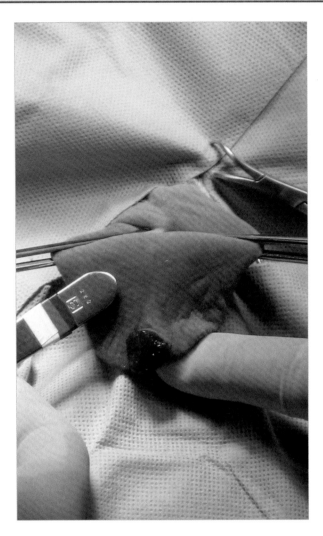

图 1-83　溃疡性病灶的放大图。

图 1-84　舌背侧图。使用手术刀进行楔形切开，用 Doyen 肠钳辅助止血。

在确保肿物切除的安全边缘后，使用手术刀片制作楔形切口（图 1-85）。

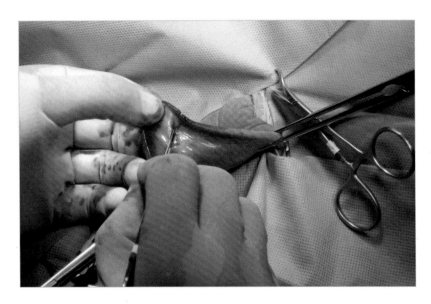

图 1-85　使用手术刀切开舌腹侧。

将楔形部分切除后（图1-86和图1-87），如有需要可以使用电刀进行止血。最终的外观见图1-88。

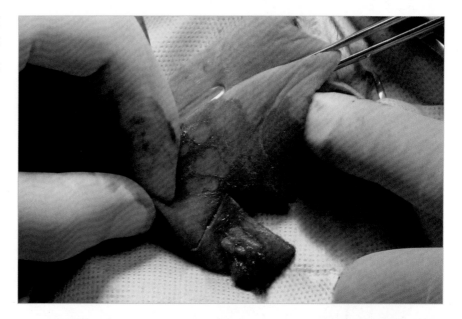

图1-86 切除楔形部分，注意术部几乎没有出血。

最后，使用3/0可吸收缝合线采用连续缝合的方式缝合舌黏膜的腹侧（图1-89），然后采用相同的方式缝合背侧（图1-90）。将病理样本送去进行病理学检查以获取最终诊断。

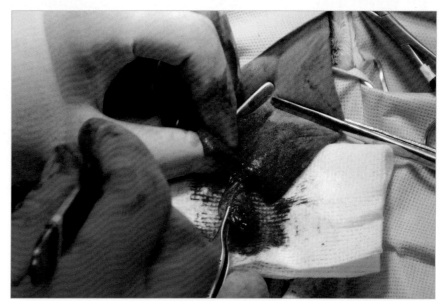

图1-87 切除楔形区域。

或者也可以使用简单连续缝合方式将腹侧黏膜直接缝合到背侧黏膜，进每针时均穿透全层。

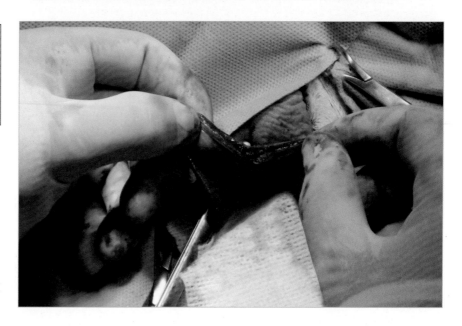

图1-88 切除完成的舌部，准备进行缝合。

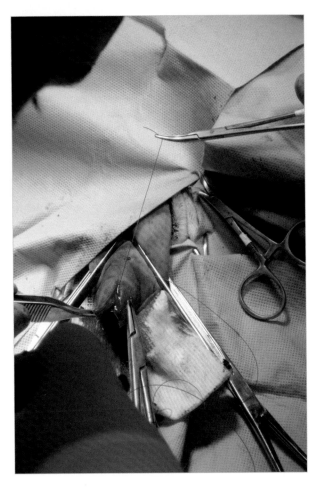

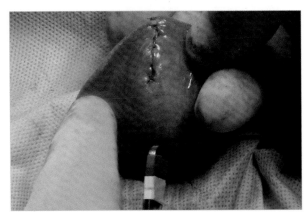

图1-89b　缝合后的腹侧观。

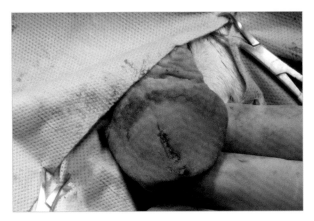

图1-89a　按图中的方式缝合可将线结埋藏于舌部的肌群之中。

图1-90　手术完成。

✱ 当部分舌切除涉及超过50%的舌头时，术后早期需要使用食道饲管（E-tube）或胃造口管（G-tube）进行喂食，直到患病动物被适当训练至能够自行进食。

诊断

该病变在保证边缘的情况下进行了完全的切除活检，并送往机构进行病理检查。诊断为舌血管瘤。

进展和注意事项

患犬的康复过程顺利，6个月后没有复发报告。口咽区是犬类恶性肿瘤的第四大高发部位；然而，仅限于舌头的肿瘤很少见。鳞状细胞癌是最常见的舌肿瘤。

其他肿瘤类型，如血管瘤、血管肉瘤和横纹肌肉瘤更为罕见，并且这些肿瘤的生物学性状及引起的临床表现大部分仍然未知。

这个病例的病理诊断为舌血管瘤，应注意血管瘤有过弥散性传播的报告。实际上，在检查舌部病变时，应考虑它可能是由其他部位原发肿瘤转移所造成的。

尽管血管肉瘤可能更常见并出现在文献中，但血管瘤和其他退行性或创伤性病变也很常见。这是外科兽医对犬舌部病变进行诊治的好理由，便于及时诊断并启动适当的治疗。

第2章 含胸段食道的病例

犬食道异物

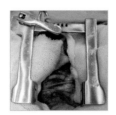

猫线性异物

去除异物的综合技术

巨食道症

食道裂孔疝

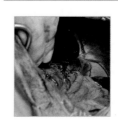

犬食道异物

临床常见度	■	■	■	□	
技术难度	■	■	■	■	□

- 胸廓切开术：食道切开术及食道修复术。
- 用于去除不能移位的异物。

病例	
名字	Paco
物种	犬
品种	混血犬
性别	雄性
年龄	4岁

临床症状：呕吐及返流10d。

体格检查

患犬有10d消化道异常病史，对流食及半流质食物耐受性良好，但吞咽干粮几分钟后出现返流表现。

体格检查发现患犬轻度脱水，体重减轻，部分身体脱毛。该犬在3个月前被诊断出甲状腺功能减退，并已开始治疗。近期未发生其他异常。

胸部X线（图2-1）显示食道异物（食道异物）。该犬接受麻醉后，在内窥镜的引导下放置了一根导管进入食道。该导管可以到达异物的位置，但由于异物已经停留在食道内较长时间，尝试经口移除异物或将其推进胃内均未成功。

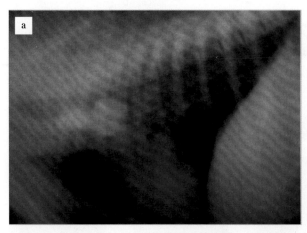

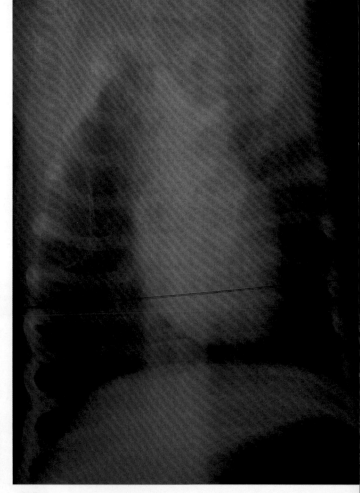

图2-1　胸部X线：食道异物位于心脏头侧。（a）侧位；（b）腹背位。

此阶段，从动物主人给予的信息准确区分呕吐和返流非常重要。因为对动物主人而言，所有经口腔向外吐出的东西通常都会被描述为"呕吐"（图2-2）。

> 动物主人通常不知道呕吐和返流的区别，外科医生应该正确问诊以找出动物是否真的呕吐或返流。

体格检查后还对动物进行了实验室检查，最终决定经左侧第四肋间进行开胸探查术，因为经内窥镜探查发现食道异物向左侧突出更多，X线检查也印证了异物部位。

术前准备

术部剃毛，用聚维酮碘肥皂按照标准流程擦洗皮肤，最后喷聚维酮碘液（图2-3）。

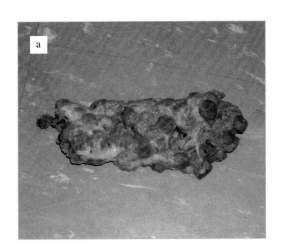

图2-2 呕吐和返流的区别。(a) 返流：进食后未消化的食物很快上涌，并沾满唾液；(b) 呕吐：含有部分已消化的食物，有时可见胆汁。

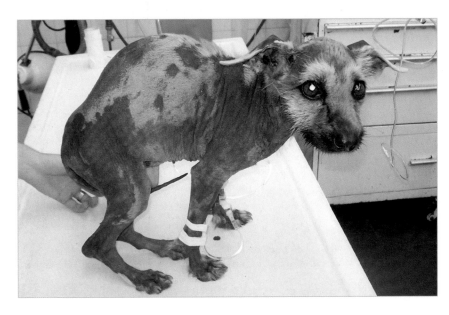

图2-3 患犬术前外观。

手术技术

选择经左侧第四肋间进行胸廓切开术。当需要在食道头侧至心脏处进行手术时，有些作者建议选择右侧手术通路（以获得更好的术野显露），其他人则认为两种通路都可以接受。在本案例中，由于异物可能对左侧食道造成更大的损伤，故左侧胸廓切开术是最佳选择。

在胸腔入口处上方放置湿润的纱布垫及Finochietto肋骨牵开器，然后放置一套卷好的湿润纱布。将左前肺叶向尾侧牵拉，显露手术区域的局部解剖结构（图2-4）。

放置环绕尼龙缝线，将锁骨下动脉向背侧移位，迷走神经向腹侧移位。当食道能清晰显露时，在其周围放置湿润纱布，以避免食道内容物落入胸腔（图2-5）。然后移除异物（图2-6）。

仔细检查食道腔内并进行术部冲洗，使用双层缝合法闭合食道。使用4/0单股PDA线进行第一层缝合闭合，用反向简单间断缝合法缝合黏膜层和黏膜下层。使用这种类型的缝合方式，线结位于食道腔内。第二层缝合闭合肌层和外侧浆膜，使用同种缝线以简单间断缝合法进行缝合（图2-7）。

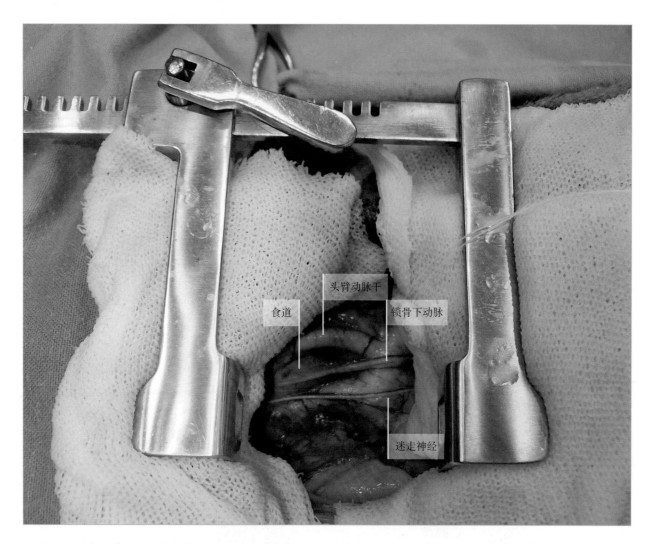

食道
头臂动脉干
锁骨下动脉
迷走神经

图2-4　胸部通路。可见纱布垫和Finochietto肋骨牵开器，左前肺叶已向尾侧牵拉。

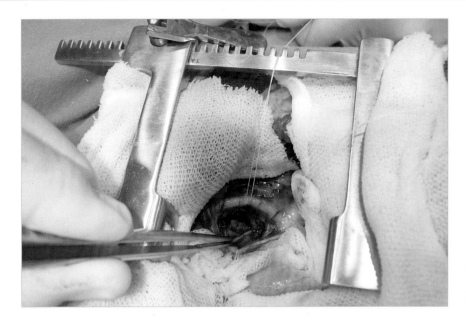

图2-5　食道切开术。暂时留置缝线将锁骨下动脉向背侧牵拉，将迷走神经向腹侧牵拉，此时可见食道异物。

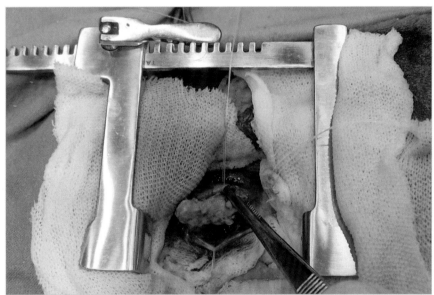

*　当食道切开时，"污染手术"时期就开始了，应放置纱布在食道周围以防止食道内容物泄漏。

图2-6　移除食道异物。

图2-7　食道切开术完成。

取出遮挡肺叶的纱布，逐渐让肺叶充气膨胀，避免再膨胀性肺水肿等继发损伤。

术后必须使用引流管以恢复胸腔负压，同时放置一根20Fr硅胶胸导管，用于抽吸胸膜腔内的气体。缺少这一步骤可能会导致致命的并发症，如在闭合胸腔时发生张力性气胸。这也是留置三通阀的原因，三通阀连接胸导管，开口与外界相通，直到动物恢复自主呼吸。

放置胸导管恢复胸腔负压后，应根据标准操作技术进行适当神经阻滞（图2-8），然后再关闭胸腔。

术后可以在胸膜腔中应用局部麻醉以提供额外的镇痛作用。使用胸导管也能达到相同的效果。

在注射药物过程中及注射后5～10min内，动物必须保持术部位于重力侧这一姿势。这样能帮助局麻药物扩散入术部并阻滞邻近的肋间神经。

侧位开胸术后使用肋间神经阻滞可以提供有效镇痛，单独使用利多卡因或利多卡因＋布比卡因联用均有效。

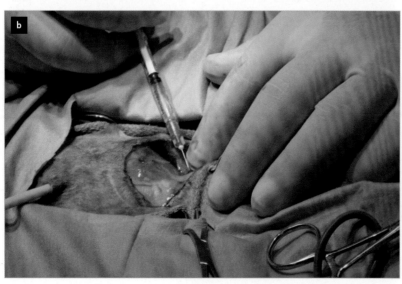

在此病例中，由于食道异物摄入时间与手术时间的间隔较短，术中同时放置了胃饲管，以避免经食道进食，便于食道的顺利愈合。

采用左侧腹部通路进行左侧开腹术将胃取出，然后在胃区进行荷包缝合以插入饲管（图2-9）。

图2-8　肋间神经阻滞。重复操作以分别阻滞手术切口及其头侧和尾侧邻近的1～2根肋间神经，这些神经的背侧支及腹侧支均应被麻醉。

在将胃取出后，需要用缝线将胃暂时固定。在荷包缝合的中央穿刺，插入导管（22Fr硅胶Foley导管），然后荷包缝合进行关闭。用5～10mL的盐水和空气混合物将导管的气囊充气（图2-10）。如需要进行X线评估以确定导管位置，充气的气囊能够提供良好的对比度。

图2-9a　腹部通路，将胃移出腹腔并辨别胃底。

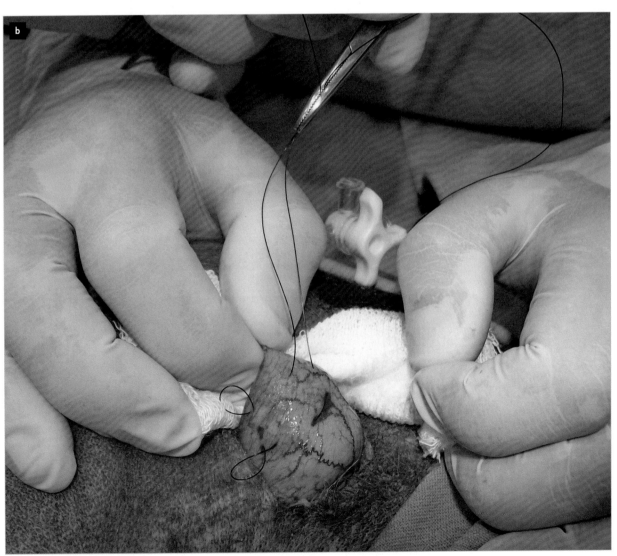

图2-9b　荷包缝合。

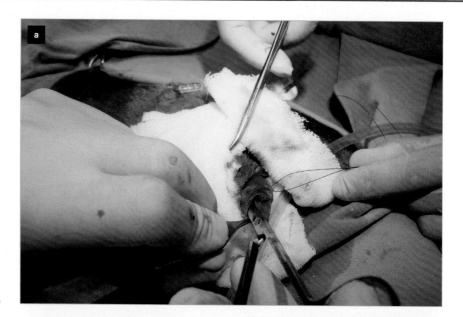

图2-10a　胃切开术。

通过其他的腹部通路插入Foley导管，需要遵循的原则是不应经主手术通路穿出或穿入导管。

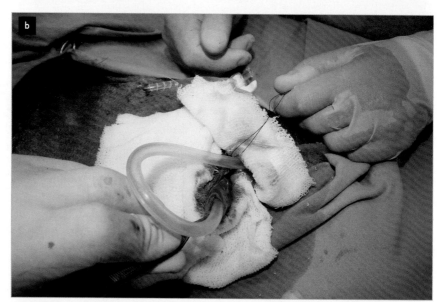

图2-10b　放置导管。

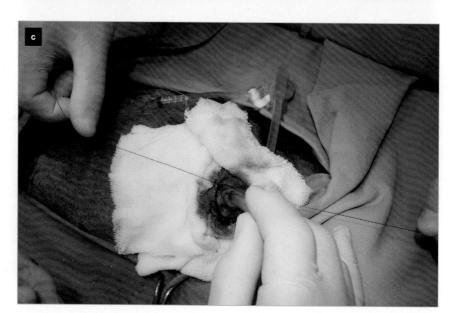

图2-10c　在导管周围收紧荷包缝合线。

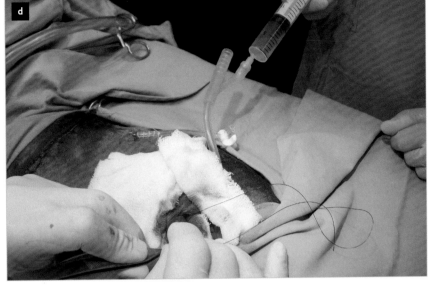

胸廓造口术和胸廓切开术常易混淆，胸廓造口术是在胸壁上开一个很小的口用于引流；而胸廓切开术是在胸壁上做一个用于进入胸腔器官的更大切口。胃造口术和胃切开术的区别与此类似。

图2-10d 用生理盐水和空气充起Foley管球囊。

常规闭合腹部切口，胸廓造口术及胃造口术的导管以指套缝合法固定于皮肤（图2-11）。

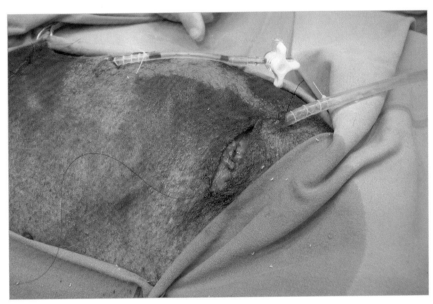

图2-11 闭合腹部切口，固定胃造口术导管。

进展

在动物胸部或腹部使用绷带固定，用于固定导管以及保护胸廓切开部位的伤口，绷带应有一定的通透性且不能太紧。麻醉苏醒后，动物住院继续监测，每2～3h给动物翻身，防止肺部淤血非常重要，该操作持续到其能保持胸卧姿势。

 每次使用胃管饲喂时，喂食前后必须用清水冲洗饲管，防止堵塞。如果出现堵塞，可以用可乐苏打汽水来清除堵塞的食物残渣。

术后恢复良好。术后36h，取下胸腔引流管，此时抽吸为负压，胸腔内产生的液体量极少，每天应少于2 mL/kg。

每1～2h抽吸一次胸膜腔，之后根据抽出的空气和/或液体量调整为4～6h一次，直到能移除引流管。

该犬最初经胃造口管喂食，之后也经导管给药，6d后，开始经口给食，动物表现出良好的耐受性，之后开始给予半软质饮食，未发现其他问题。

住院第8天，移除胃造口管，术后两周拆线时动物情况良好。

猫线性异物

临床常见度	■	■	■	□	□
技术难度	■	■	■	■	□

病例	
名字	Violet
物种	猫
品种	家养短毛
性别	雌性、已绝育
年龄	3岁

■ 开腹探查，如果线性异物（线性异物）滞留于幽门，则进行胃切开术。

■ 需行多处肠切开术，必要时进行肠道切除术。

> 临床症状：烦躁、沉郁、频繁呕吐。

体格检查

该猫生活于一家小型服装厂内，就诊时动物精神沉郁（图2-12）、嗜睡。48h前开始呕吐，并在就诊检查时呕吐加剧。患猫厌食，经口给予流食也会出现呕吐，进行过对症治疗但无效。

患猫脱水5%～7%，脉搏强度一般，心率120次/min，腹部触诊显示腹中部疼痛，肠管增厚。

全血细胞计数（CBC）显示白细胞增多伴5%核左移，血清生化及凝血检查无明显异常。

X线及超声显示高度可疑的线性异物影像。

Violet住院治疗，留置静脉留置针后开始进行液体治疗及抗生素治疗。待体况改善后，进行开腹探查手术。

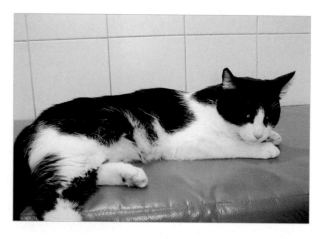

图2-12 患猫精神沉郁。

> 有时，适时稳定体况可能是最好的选择，为了充分缓解病情而推迟手术干预可能对病患危害更大。

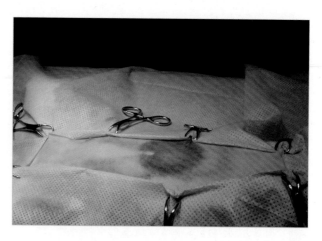

术前准备

对腹部的手术区域进行大范围剃毛（图2-13）。

图2-13 适当的术前准备（剪毛、消毒、覆盖创巾）对手术成功很关键。

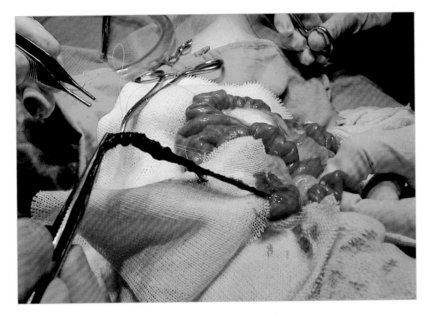

手术技术

打开腹腔后，在切口边缘覆盖消毒的纱布，保持组织的湿润。

当线头（通常位于幽门）被释放出来，通常需要进行多处肠切开术将线移除并恢复折叠在一起的肠管（图2-14和图2-15）。

所有肠切开部位使用可吸收缝线（3/0或4/0）以简单结节缝合的方式闭合创口。

图2-14 肠切开术移除部分线性异物。

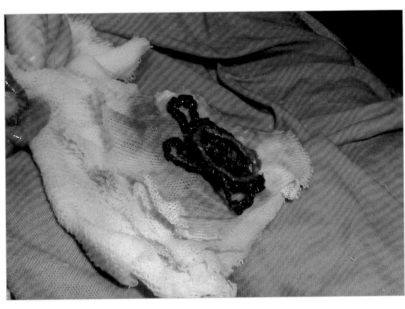

图2-15 线性异物是主人服装厂的一根线。

肠切开术（图2-16）以简单结节缝合方式闭合，并用"渗水测试"确认肠管密闭性。该猫术后住院进行液体及广谱抗生素治疗（针对革兰氏阳性菌、革兰氏阴性菌和厌氧菌）。

禁食18h，并检查CBC、总蛋白及血糖水平，术后72h出院。

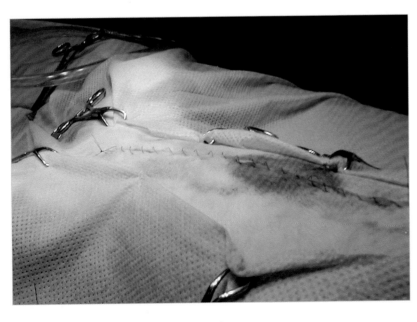

图2-16 开腹术完成。

Anderson技术是避免切开多处肠管的一种技术（图2-17），实施该技术时需用一个红色橡胶导管。

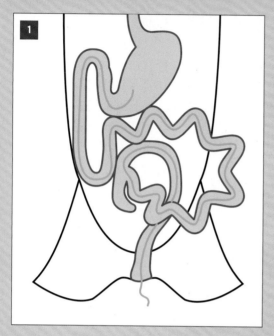
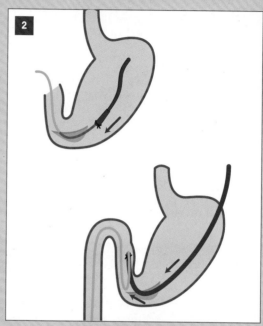
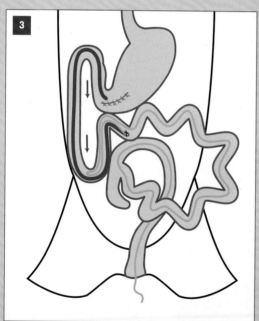
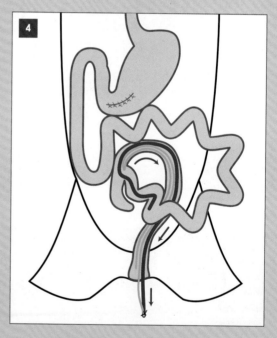

图2-17　Anderson技术的步骤。
①线性异物的末端已经从附着点（如舌系带）释放。
②在肠管上做个小切口，将橡胶管插入肠腔内，橡胶管的头侧与线性异物末端用线打结。
③随着橡胶管完全进入肠道内，线性异物随着橡胶管朝同一个方向一起被抽出，同时减轻了肠管的褶皱程度。
④橡胶管和线性异物沿着肠管移动，直到助手能从肛门将其取出。

注意事项

图2-18显示发现线性异物时小肠的典型褶皱形状。线性异物可能固定于口腔，通常绕在舌系带周围（图2-19），有时也会嵌入或者位于幽门内。这些是猫最常见的异物附着位。

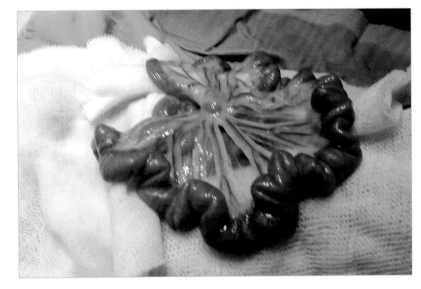

图2-18 褶皱的肠管。

> ***** 如果怀疑猫存在线性异物，一定要仔细检查它的口腔。

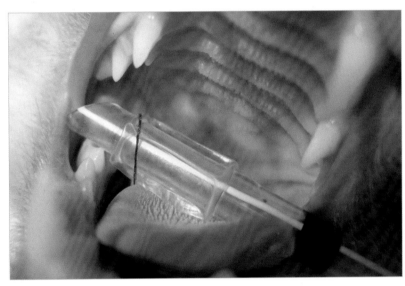

图2-19 嘴里的线性异物，覆盖在舌周围。

> 确定线性异物的附着部位很重要，将其切断从而解除因异物造成的肠道褶皱。

线性异物通常引起部分肠道梗阻，因此与其他类型的肠道异物相比，积气积液不严重。肠道的蠕动收缩试图将异物推向远端，但由于异物是"固定"的，最终肠道被线拉紧。

肠道进一步的蠕动收缩导致肠管沿异物的方向逐渐堆积，形成典型的褶皱状外观。由于这种移动摩擦，线性异物在肠系膜边缘产生锯条样作用力，线可能会嵌入小肠壁的肠系膜边缘，或侵蚀肠壁，造成穿孔并产生明显炎症及腹膜炎。

在这种情况下，必要时，需要进行多处肠切开术以移除全部线性异物。

去除异物的综合技术

临床常见度					
技术难度					

病例	
名字	Manuela
物种	犬
品种	金毛
性别	雌性、未绝育
年龄	3岁

- 食道手术、胃切开术。
- 将食道异物（食道异物）推到胃内。

> 临床症状：厌食、反胃、呕吐，对症给予止吐药物治疗无效。

体格检查

　　该犬有2d的厌食病史，4d前可见呕吐。转诊前兽医对症给予止吐药，治疗无效。主人不确定动物是否有误食。

　　患犬轻度精神沉郁，脱水5%，住院开始进行输液治疗并准备进行血液学检查（图2-20）。进行了CBC及生化检查，同时拍摄了胸部X线片及腹部超声扫查，从侧位胸片明显可见一圆形影像（图2-21），主人觉得这是Manuela前几天玩过的一个球，之后再也没见过。腹部超声未见其他明显异常，血液检查也无异常。

　　借助内窥镜检查可评估食道，但在没有进行预先评估风险前，并不建议使用这种操作将食道异物推进胃内。因为有些食道异物可能有棱角，会对食道造成压力性缺血或坏死，在向前推进时可能导致食道壁变薄部位的进一步损伤。

　　在本病例中，成功地将食道异物小心地推入了胃内，之后计划采用胃切开术将其移除。

 48h后，食道异物开始影响食道局部的血供，如果异物边缘不规则或有棱角，就会导致食道穿孔。

图2-20　转诊后就诊的患犬（Manuela）。

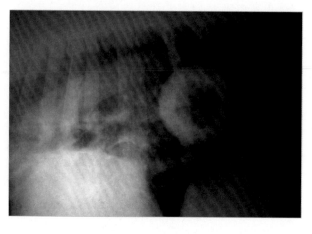

图2-21　胸部X线侧位片，在胸腔后段食道内可见一明显中空的圆形团块影像。

术前准备

将食道异物成功推进胃内后，根据胃切开术的技术要求给患犬的术野区剃毛，使用洗必泰液及洗涤剂进行杀菌。

手术技术

从剑突至脐部进行腹中线切开术，显露并识别胃，用湿润的纱布覆盖切口组织，在胃大弯和胃小弯处放置两根牵引线，为胃切口做准备。放置牵引线的目的是当轻柔牵拉时，保持胃切口开放。

强烈建议使用湿润的腹部纱布进一步包裹和隔离胃，防止任何可能的胃内容物进入腹腔（图2-22和图2-23）。

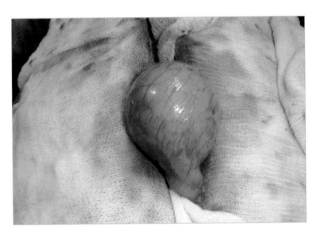

图2-22　将湿润的纱布覆盖于腹部切口，更多纱布放置在胃周围，防止任何可能发生的胃内容物泄漏。

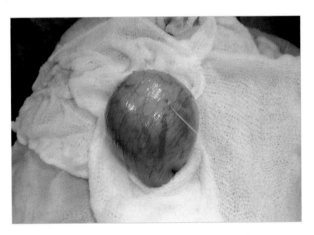

图2-23　用更多的纱布将胃隔离在腹腔外（注意可见一个留置的缝线）。

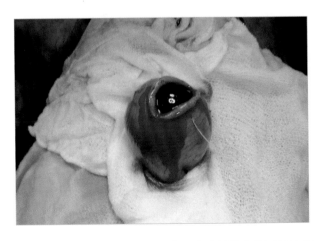

图2-24　胃壁切开后露出异物。留置缝线有助于保持切口开放。

使用10号刀片进行胃切开术，先在胃大弯和胃小弯之间沿胃长轴做一个切透胃壁各层的切口。

如果只切开浆膜-肌层，则使用无损伤镊夹住其余壁层（黏膜下层和黏膜层），然后用手术刀刺穿，可以使用梅氏剪扩大切口。

胃切口的长度必须与球的直径接近，防止胃壁撕裂。胃黏膜通常凸出并外翻，呈现经典的"蘑菇样外观"（图2-24）。

使用组织钳将食道异物缓慢移除（图2-25）。

异物取出后应立即连同使用的器械一起交给护士，以减少对手术台的污染。

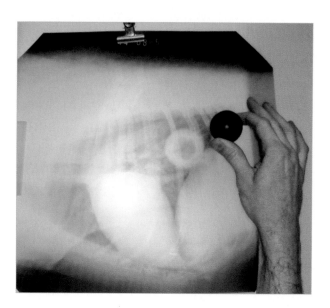

对胃壁进行两层缝合，第一层使用简单连续缝合法闭合黏膜及黏膜下层，第二层使用反向非贯穿缝合如库兴氏或伦勃特缝合。

第一层缝合不仅能闭合胃，而且可以通过控制黏膜下层的渗出，起到止血的作用（图2-26）。

图2-25　移除的异物与先前的X线片上的形状进行比较，为一个空心球。

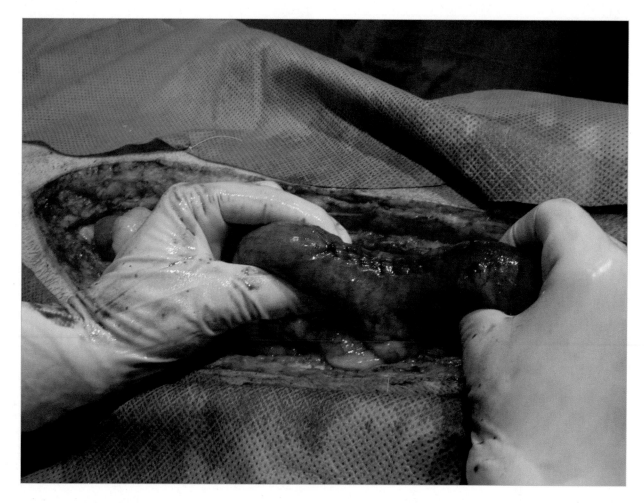

图2-26　缝合后的胃壁。

避免URFOs（意外滞留的异物）
1.移除纱布/海绵
2.检查出血点
3.检查用过的纱布绷带
4.灌洗腹腔
5.按照常规开腹手术闭合腹腔

在恢复期，保持动物头部抬高，防止可能出现的胃-食道返流。

继续给予液体治疗，术后8 ～ 12h可给予少量水（冰块是使动物感到愉悦并能防止短期内摄入过多水分的好办法），如无呕吐，可给予少量清淡易消化的食物。

> ✳ 如果出现呕吐，动物应保持NPO（无经口饮食）数小时，之后再开始给予少量水。建议在2 ～ 3d内逐渐恢复正常饮食。

该犬术后无任何并发症，在短暂住院治疗后出院，7d后拆线。

注意事项

食道手术通常伴发较高的术后并发症，食道异物更常见于年轻动物，当动物出现食道异物时，熟悉食道解剖结构非常重要，实际上，不熟悉食道解剖特征将导致严重并发症。

食道没有浆膜层，黏膜层较厚，黏膜下层为保持层，血液供应随食道的分段而变化（黏膜下层和节段性外源性血管构成了食道的血管供应系统）。缺少浆膜层使食道的愈合与其他脏器有所不同（如肠管）。使用来自网膜、颈部肌肉、心包膜或胃壁的组织移植物作为修补材料加强食道缝合的操作并不罕见。

除缺乏浆膜层外，其他因素也会导致食道容易发生破裂、泄漏或狭窄，如由呼吸引起胸膜压力变化导致的食道壁压力差、吞咽引起的食道迅速扩张、食物或唾液通过缝线缝合部位时张力不耐受。这就是尽量避免从食道切口取出食道异物的原因。

因此，如果可能，应该尽量选择非外科手术方法移除食道异物，可以通过内窥镜经口操作，如果必须手术，尽量尝试将异物推进胃内。食道切开术应该作为所有手术方案的最后一种选择，尤其是涉及胸段食道的手术，因为其术后并发症严重且死亡率非常高。

巨食道症

临床常见度	■	□	□	□	□
技术难度	■	■	■	■	□

病例	
名字	Mimi
物种	猫
品种	家养短毛猫
性别	雌性、已绝育
年龄	11岁

■ 胃成形术。

■ 食道切除术、部分食道切除术，适用于肿瘤性疾病。

临床症状：顽固性呕吐和（或）返流。

体格检查

一只11岁的母猫因体重减轻和顽固性呕吐一个月而就诊。其呕吐物十分黏稠，且之前经过对症治疗未见改善。过去2个月内，该猫体重下降并出现肌肉丢失情况。

临床评估发现该猫轻度脱水和黏膜苍白，其他检查未见明显异常。血常规和生化检查显示血细胞比容（PCV）为29%和低白蛋白（ALB）为1.7g/dL（正常范围为2.7 ~ 4.4g/dL），除此之外未见明显异常。

消化道症状持续存在，病史显示该猫进食后15 ~ 20min就会出现返流或呕吐。因此，认为猫咪一直存在的症状是返流而不是呕吐。

通过拍摄胸腹部X线平片，发现疑似存在远端巨食道症。随后的造影检查证实了胸段巨食道症的存在，同时发现贲门区域造影剂缺失（图2-27）。

初诊时认为贲门区域存在浸润性生长的肿物，通过多次胸部X线片和腹部超声检查，最终未发现其他部位存在转移性肿瘤。

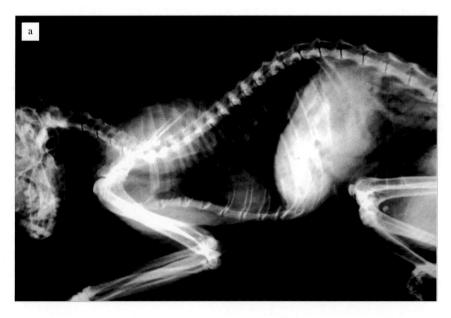

图2-27a　X线平片：疑似远端食道存在巨食道症。

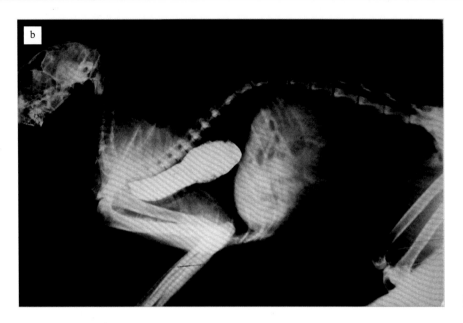

图2-27b X线造影：确诊胸段巨食道症。

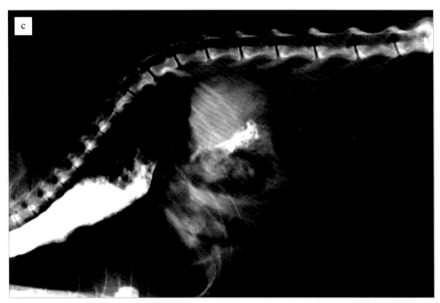

图2-27c X线造影：贲门和食道远端造影剂填充不足，胃内可见造影剂。

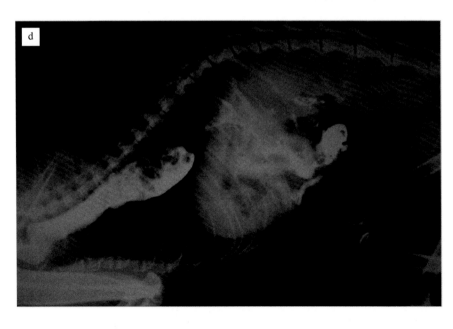

图2-27d X线造影：贲门和食道远端造影剂填充不足，胃和空肠内可见部分造影剂。

由于患猫出现了严重的体重减轻和低蛋白血症，需要放置胃饲管进行饲喂。经过10d的饲喂后，患猫的体重有所恢复，PCV和ALB指标也得到了改善。在此之后，进行了全面的术前检查，当患猫的体况改善后即进行开腹探查术。

在进行术前备皮时，需要遵循外科无菌技术的要求，对Mimi进行准备。

术前准备

大范围剃毛，使用4%洗必泰皂液及2.5%洗必泰溶液进行常规擦洗消毒（图2-28和图2-29）。

图2-28　术前准备，可见放置的胃饲管。

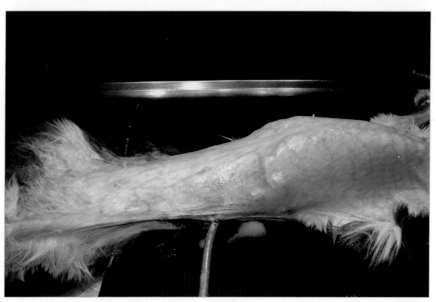

图2-29　术前准备，胃饲管保留在原位供术后使用。

手术技术

从剑突至耻骨做腹中线切口，探查过程中，在胃贲门部可见一增生物，余下腹腔结构未见明显异常（图2-30）。

图2-30 贲门处的明显增生物。

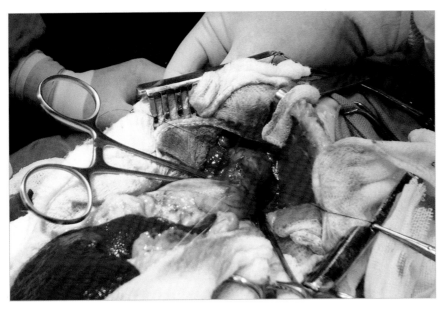

放置湿润的腹腔纱布及婴儿Balfour牵开器以增加腹腔内的暴露，将贲门游离，使食道与横膈钝性分离，之后将食道末端拉入腹腔（图2-31和图2-32）。

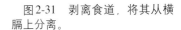

图2-31 剥离食道，将其从横膈上分离。

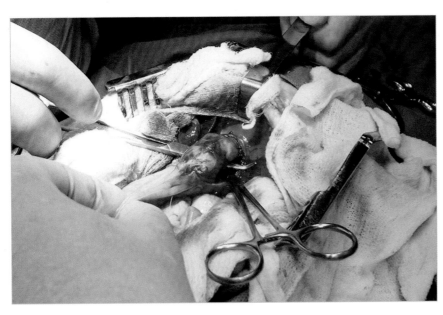

图2-32 将远端食道向尾侧牵拉（胸段）。

完成食道远端及食道腹侧的360°游离后，在胃和食道放置牵引线以便于操作。先切除肿物靠近胃的一侧，保留1cm的安全边缘，之后切除食道一侧（图2-33至图2-37）。

肿物移除后，对食道和胃实施端端吻合术。

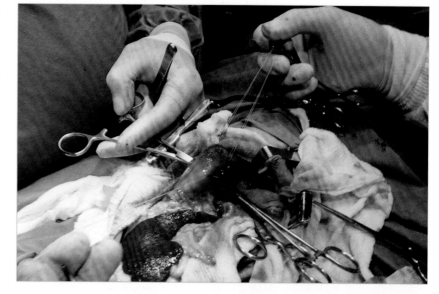

图2-33　在肿物靠近食道和胃的边缘留置缝线。

 只要有胸腔暴露，就会造成开放性气胸，因此必须进行正压通气。

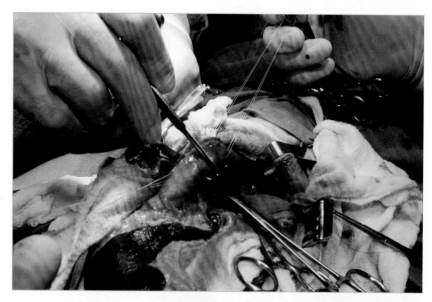

图2-34　先切除肿物靠近胃的一侧，并留出安全范围。

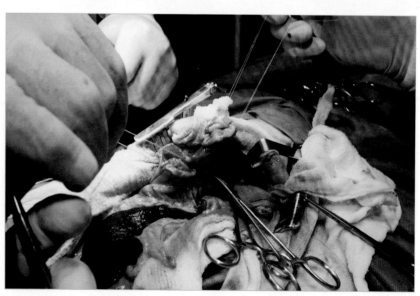

图2-35　胃侧的切面。

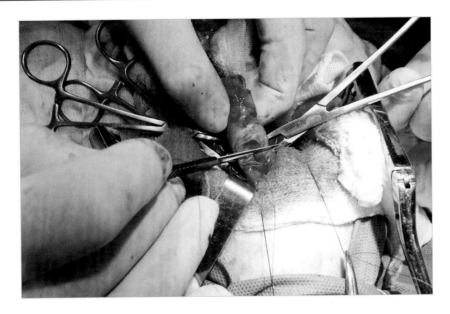

图 2-36　食道侧切面。

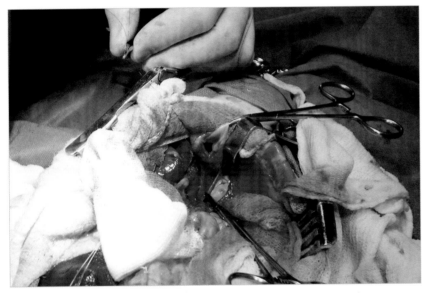

图 2-37　食道切开后，可以探查内腔。

使用 3/0 单股缝合线，以简单间断缝合法对端口的背侧缘进行缝合（图 2-38）。

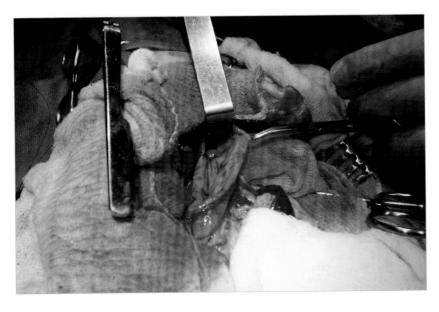

图 2-38　缝合背侧缘。

之后再缝合腹侧缘及两侧，最终完成端端吻合（图2-39）。

采用双层缝合法进行胃缝合术：简单连续缝合法缝合胃黏膜及黏膜下层，伦勃特内翻缝合法缝合浆膜肌层（图2-40）。

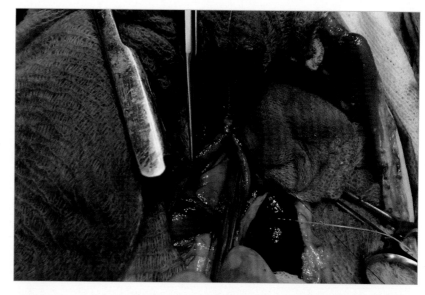

图2-39　缝合吻合端的腹侧缘及侧面。

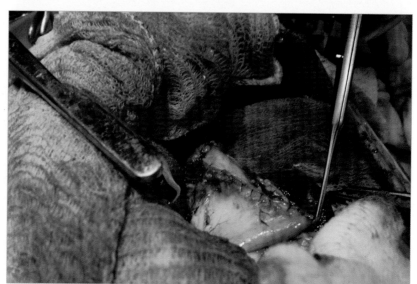

图2-40　完成胃的闭合。

在吻合部位，使用简单对合缝合以避免术后可能出现的狭窄，使用简单连续缝合法闭合黏膜层及黏膜下层，反向进行不穿透全层的缝合，如库兴氏或伦勃特缝合。

完成缝合后，闭合膈肌，在闭合最后一针时，经切口插入一根20Fr的Foley导管，使用一个连接三通管的30mL注射器抽吸胸腔内空气，同时轻轻地给肺充气，以减少复张性肺水肿的发生概率。当达到可接受的负压时，拔除导管并闭合最后一针（图2-41至图2-44）。

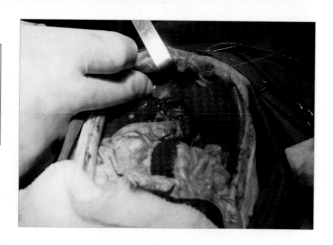

图2-41　闭合横膈。食道和胃已完成解剖学复位。

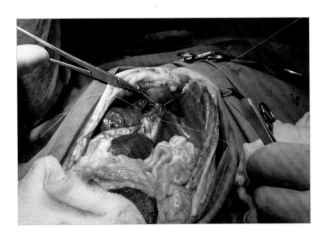

图2-42　使用3/0尼龙单股缝线闭合横膈。

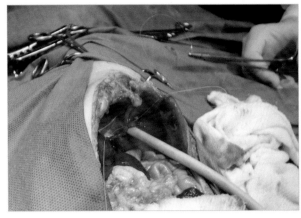

图2-43　放置导管以排出胸腔内气体，恢复负压。

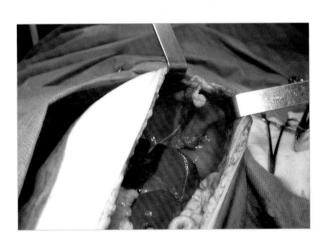

图2-44　闭合后的横膈，可见食道裂孔已经复原。

图2-45　闭合腹部创口，可见放置的胃饲管。

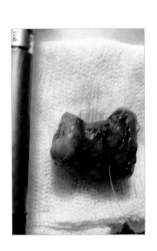

图2-46　送检样本进行组织病理学检查。

闭合腹腔前，对腹腔进行彻底灌洗，取出纱布后，常规闭合腹腔。为了安全及更好的愈合，在适当位置留置胃饲管便于饲喂食物和投药（图2-45）。

切除的组织被送往实验室进行病理学检查及进一步的诊断（图2-46）。

患猫术后住院进行重症监护，使用阿莫西林+舒巴坦及曲马多镇痛3d。患猫在能够自主进食前，使用胃管饲喂3d。患猫出院时还带着胃管，回家后给予高能量、低残渣饮食。出院后7d拆线并拆除胃饲管。

诊断

组织病理学显示为中间等级、中等分化程度的恶性肿瘤。

注意事项

Mimi术后恢复总体良好，不再表现返流的症状。通过给予特定饮食及治疗以减少潜在返流对消化道造成损伤。

术后每2个月主人带Mimi拍摄胸部X线片复查，在第10个月时Mimi表现出肿瘤复发的迹象。主人随后决定对其实施安乐死。

食道裂孔疝

临床常见度	■	■	■		
技术难度		■	■	■	

病例	
名字	Blacky
物种	犬
品种	迷你雪纳瑞
性别	雄性、未去势
年龄	9月龄

■ 全段食道扩张、特发性巨食道。
■ 先天性异常。

临床症状：厌食、返流、呕吐。

特发性巨食道提示不明原因的全段食道扩张（图2-47），该病的患病动物通常在断奶数月后出现返流症状。

最常见及最重要的鉴别诊断是血管环异常，其中最常见的血管环异常是持久性右主动脉弓（PRAA）（图2-48）。

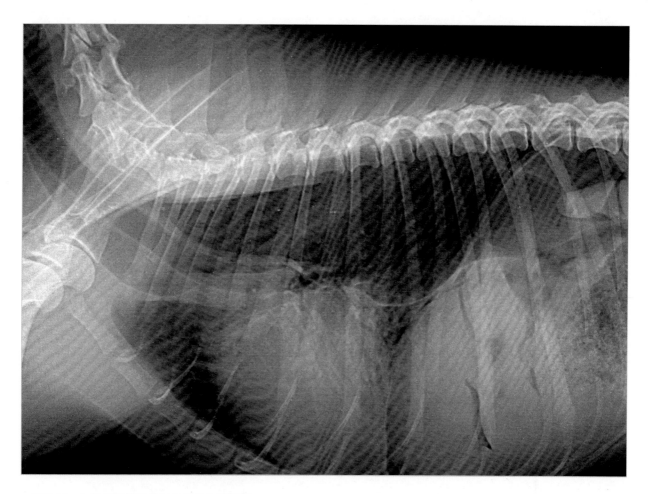

图2-47　全段食道扩张是巨食道的典型特征。

Blacky因进食后即刻发生返流，曾在3月龄时被诊断为特发性巨食道。当时，广泛性食道动力不足性疾病的鉴别诊断如重症肌无力、多发性神经病及肾上腺皮质机能减退等已被排除。之后该犬就一直保持直立姿势进食，以便食物进入胃内，进食后站立5min以更好地排空食道。

影响患病动物预后的因素有：心脏前方的食道扩张程度，以及直立体位饲喂时对小体积、半流质饮食的耐受程度。Blacky的病情进展稳定，因为其头侧食道无明显改变且对饮食控制的耐受性良好，并未发生吸入性肺炎。

食道问题最常见且最严重的并发症是吸入性肺炎（图2-49）。

由于无法有效将"囊"的内容物排空，头侧食道邻近心脏方向的显著扩张会使预后恶化。实际上，过量饲喂会导致反复发生肺炎。

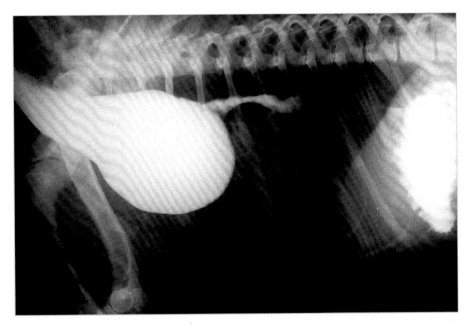

图2-48 在PRAA病例中，可见扩张的食道从胸腔前侧延伸至心基部，而其他器官的直径基本正常。

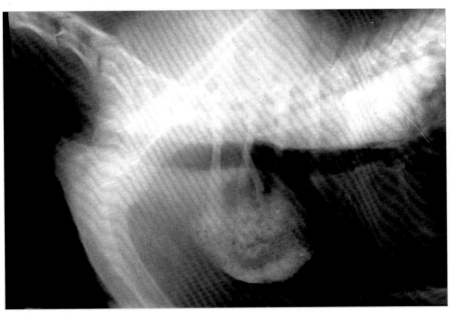

图2-49 食道的扩张加重了食物在管腔内的蓄积，这会增加患犬侧卧时发生吸入性肺炎的可能性。

体格检查

Blacky因持续"呕吐"再次到医院就诊，在此之前主人已按照巨食道动物的喂养方式饲喂了数月。

就诊时它十分消瘦且有流涎的表现，体格检查未见明显异常，仅表现轻微脱水。因怀疑可能有其他原因导致食道炎加重，医生对其进行了X线造影检查，检查结果提示存在食道裂孔疝（图2-50）。

食道裂孔疝是指食道的腹部节段、胃-食道结合处，有时甚至有一部分胃底部经横膈食道裂孔或膈肌撕裂口等薄弱位置进入后纵隔的情况。

最常见的食道裂孔疝是滑动性疝，是腹部节段食道、胃-食道结合处及部分胃体穿过较为松弛且大于正常的横膈裂孔（图2-51），而其他类型的疝有食道旁疝及胃-食道套叠。

Blacky患的食道旁疝是食道裂孔疝中比较少见的一种，发生这种类型的疝时，胃-食道结合处位于腹腔，胃底和（或）其他腹部器官经横膈裂孔进入胸腔，与食道平行。

术前准备

Blacky的治疗方案是在使用硫糖铝、奥美拉唑以避免食道损伤的药物管理基础上，增加胃复安以促进胃排空。

待动物情况稳定后，进行修复手术。

> 下段食道括约肌张力降低导致食道返流及继发性食道炎。许多食道裂孔疝患犬和患猫无明显症状，但也有一些病患存在胃酸过多或与胃食道返流疾病（GERD）相关的胃灼烧。

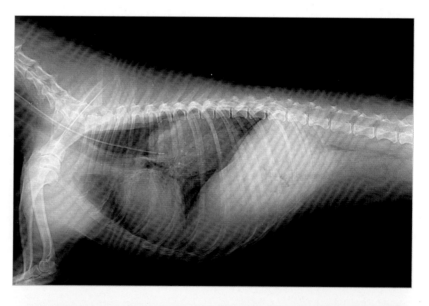

图2-50　侧位胸片显示食道后段区域密度增加，注意图中贲门及胃底向头侧移位。

> ***** 注意胃-食道套叠也不常见，在本病例中，贲门向食道后段内嵌，导致急性食道梗阻，最终导致胃缺血，这种情况属于外科急诊病例。

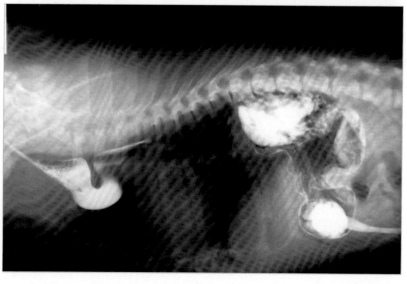

图2-51　在滑动性疝中，腹部节段食道、胃-食道结合处及胃底通过横膈裂孔进入胸腔，从而引起胃-食道返流和继发性食道炎。

手术技术

食道裂孔疝的外科治疗有两种方式（图2-52至图2-54）：

■ 折叠和（或）使裂孔缩小，同时进行食道固定术（膈肌成形术）。

■ 左侧胃底固定术（切开固定或管状胃底固定）将胃与腹壁固定防止套叠复发。

折叠术也叫胃底折叠术，即将胃底作为一个袖口，将其围绕食道进行包裹及缝合，进而防止食道通过直径增加的横膈裂孔向头侧移动。

> ❋ 必须小心，以免误伤经食道裂孔从胸腔延伸至腹腔的迷走神经背侧及腹侧支。

食道裂孔缩小术的目的是通过缝合固定食道壁于食道裂孔边缘（食道固定术），达到缩小食道裂孔的目的。

图2-52　食道裂孔的折叠和缩小。膈韧带已被切开并将食道向背侧移动，裂孔使用水平褥式缝合的方式闭合使其缩小（蓝色箭头），裂孔处应使用合成不可吸收线（白色箭头）。

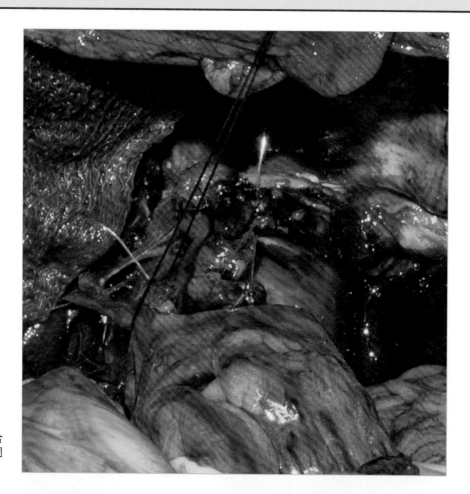

图2-53 食道固定术，使用合成可吸收缝线将腹部节段食道固定于裂孔处。

> * 胃固定术应该在缝合区域张力极小的情况下进行，目的是尽量减少胃底部经食道裂孔向头侧移位。

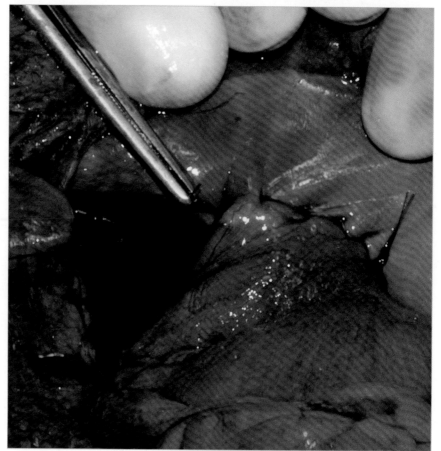

图2-54 胃底固定于腹壁的固定术可防止胃部向头侧移位，并能对抗胃对食道裂孔的压力。

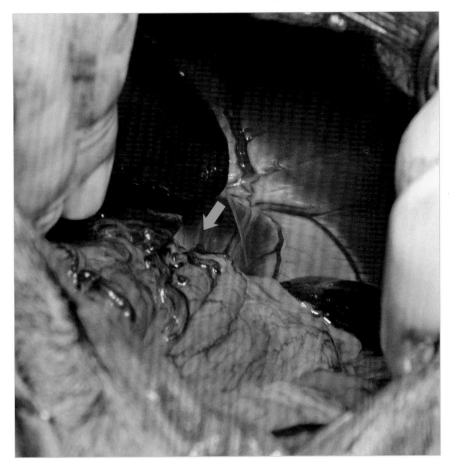

在 Blacky 的 案 例 中，进行了切开式胃固定术，防止胃向头侧移位，同时纠正了食道旁疝（图 2-55）。

疝修复后，胃和脾脏重新复位回到腹腔内，进行了切开式胃固定术。做两个切口，一个在胃底中央，另一个位于腹壁与胃的切口对应所处的位置（图 2-56）。

使用合成可吸收线以简单连续缝合法进行两层缝合，之后按照标准程序闭合腹腔。

图 2-55　左侧可见食道旁疝（箭头处）。不仅胃部突出，还可见部分脾脏。

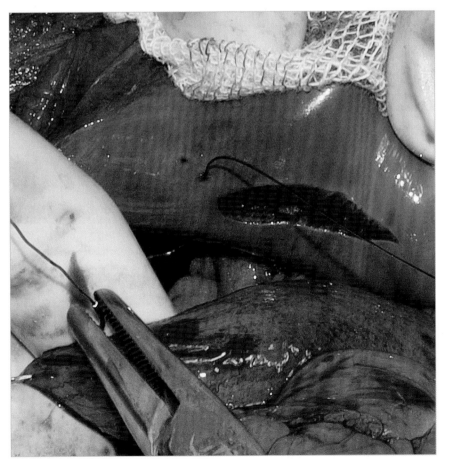

注意事项

Blacky 的恢复情况令人满意，术后第 2 天即开始恢复饮食且无呕吐迹象。

在这个病例中，由于存在特发性巨食道，未进行折叠术。实施折叠术会使后期进行食道 - 横膈 - 贲门成形术的难度增加。

> 食道 - 横膈 - 贲门成形术有助于食道排空及食团进入胃内。

图 2-56　切开术的切口位于左侧腹壁和胃底。分别在远端和近端，使用合成可吸收线以简单连续缝合法进行双重缝合。

第3章　腹部消化器官相关病例

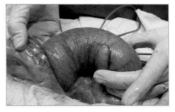

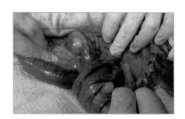

胃内异物

临床常见度	■	■	■		
技术难度	■	■	■		

病例	
名字	Socks
物种	犬
品种	混血犬
性别	雄性、未去势
年龄	3岁

■ 呕吐、返流，可能出现梗阻。

■ 行胃切开术。

临床症状：厌食、频繁呕吐、沉郁。

体格检查

　　未见动物明显脱水，身体其他部位未见明显异常。触诊可见前腹部有轻微反应。血液学检查未见明显异常。

　　腹部X线检查可见胃内异物（图3-1）。

胃内异物（SFB）通过刺激胃黏膜或造成幽门梗阻引起呕吐。

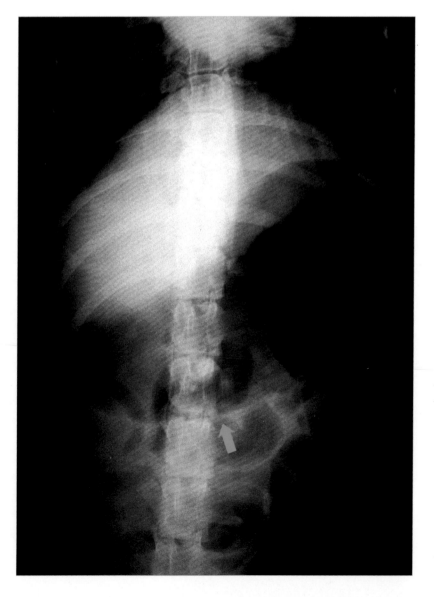

图3-1　胃内异物位于胃体处、幽门附近。

术前准备

对动物按标准流程进行术前准备，选择腹中线开口作为手术通路。切口由剑状软骨至脐孔。放置两根缝线于异物处进行胃部牵引便于组织暴露和操作。

触摸确定异物位置，暴露胃切开处，可用无齿镊对异物进行固定。

为防止胃内容物可能造成的腹腔感染，可用温热湿润的腹部纱布对胃部进行隔离（图3-2）。

> 使用无损伤镊/钳能够进一步将异物限制在胃腔内，降低将其取出时胃内容物泄漏进入腹腔的可能性。

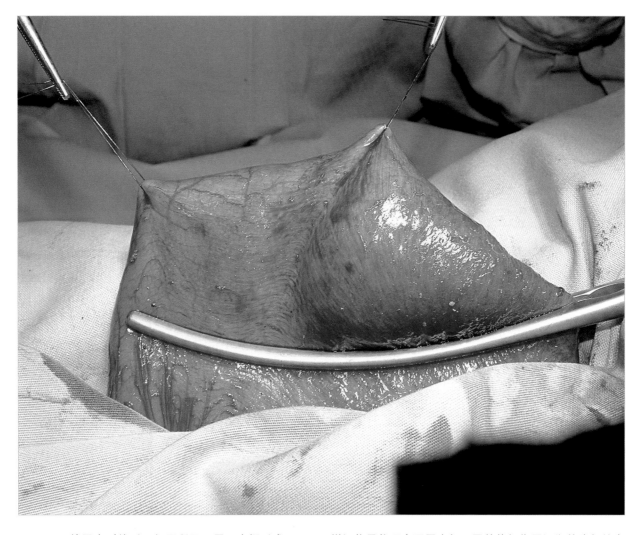

图3-2 放置牵引线后，如图所示，用无齿镊（或Doyen肠钳）将异物固定于胃中部。胃其他部位用湿润的腹部纱布进行隔离。

手术技术

在胃大弯、胃小弯血管最少处、牵引线间用23号刀片进行胃切开。适当扩大切口使异物能被顺利取出。

手术切口需能方便刀片穿透全层胃壁，否则切口将仅切透肌层。可用手术刀或剪刀帮助打开黏膜下层和黏膜层，进入胃内。

夹住异物（图3-3），根据异物形状可能需要扩大切口移出异物以尽量减少组织损伤和可能继发的胃壁损伤（图3-4）。

图3-3 胃切开后，有时可能需要根据异物形状进一步扩大胃部切口。

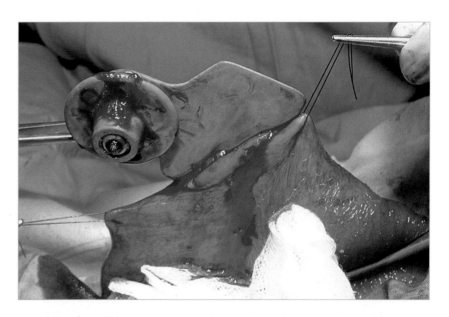

图3-4 用手术剪扩大胃部切口使之能顺利移出胃内异物并减少胃壁损伤。

胃切开术的切口必须根据异物情况做出调整，防止移出异物时对胃壁造成损伤。

对于胃切开术的切口，可采用单股可吸收线以简单连续缝合法缝合黏膜和黏膜下层。这种缝合方式可起到止血作用，控制黏膜下层的血液渗出（图3-5和图3-6）。

* 此操作过程中，胃黏膜可能会外翻（"蘑菇效应"）。闭合切口时，将突出的黏膜和黏膜下层推回非常重要，使其不会向外翻出。

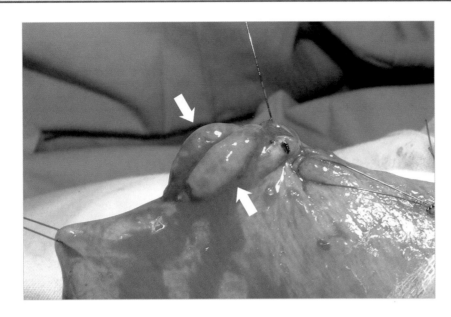

用相同的缝线以库兴氏缝合法做二次缝合（图3-7）。

图3-5　在缝合过程中，胃黏膜可能外翻（"蘑菇效应"）（箭头处）。闭合切口时，将外翻的黏膜向内推，使黏膜不会暴露在外。

图3-6　胃切口可进行双层缝合，先缝合黏膜层和黏膜下层，或简单连续缝合除黏膜层以外的全层，然后用内翻缝合法缝合肌层和浆膜肌层以确保完成双层缝合。

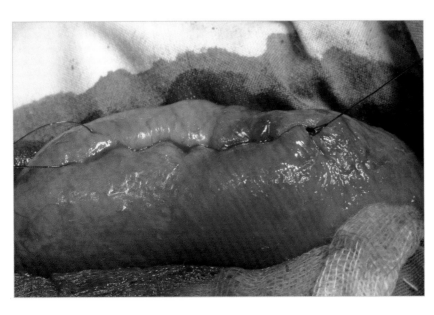

与所有腹腔手术一样，关闭腹腔前应用生理盐水彻底冲洗腹腔。

进展

患犬恢复良好，10d后拆线。

图3-7　二次缝合应使用内翻缝合法，如库兴氏缝合或伦勃特缝合。图中为库兴氏缝合的最终外观。

犬急性胃扭转

临床常见度	■ ■ ■ □ □
技术难度	■ ■ ■ □

- 也称为GDV综合征或腹部胀气。
- 开腹探查和胃固定术。

病例	
名字	Sol
物种	犬
品种	伯恩山犬
性别	雌性
年龄	8岁

> 临床症状：干呕、流涎、腹部扩张。

体格检查

一只8岁的、未绝育雌性伯恩山犬因急诊来到医院，表现为前腹部扩张。患犬约4h前进食，短暂时间后开始出现流涎和干呕。出现症状后主人很快将其送至急诊医院。

患犬感觉反应轻微减弱与流涎、焦虑交替出现。腹部扩张明显，叩诊呈鼓音。犬股动脉表现正常，足背侧动脉缺失。患犬还表现为心动过速、呼吸急促、毛细血管再充盈时间（CRT）延长至3s。基于初步检查，怀疑该犬患有胃扭转（GDV）。

> 犬急性胃扭转属于临床和手术急症，通常发生于大型和巨型犬，也可见于小型犬和猫。此病以胃部积聚气体和位置改变为特征，使气体无法通过打嗝或幽门排出。

初始治疗包括液体治疗以纠正休克，同时使用广谱抗生素（阿莫西林-舒巴坦）和阿片类止疼药（曲马多）。胃部穿刺排出胃部气体减轻腹部压力，提高动物全身血液动力学状态。穿刺术可降低贲门处压力，帮助胃内容物通过。但若通过穿刺无法有效缓解患犬症状，建议使用橡胶胃管进行排气（图3-8）。

治疗过程中进行供氧和血样采集。患犬随治疗的进行状况有所改善，特别是血液动力学参数上的好转。

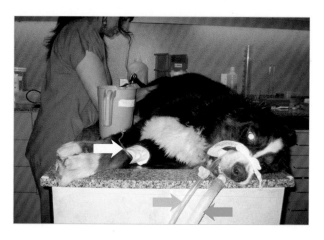

图3-8　给患犬气管插管，供氧（蓝色箭头），静脉输液（白色箭头），放置胃管（黄色箭头）。

胃管插入胃部后，用凉水将胃内容物冲洗出来。凉水可使胃黏膜麻痹，减少动物恶心。数次冲洗后，残余的胃内容物被清出。需要观察胃部灌洗出来的液体中是否含有胃黏膜，若冲洗液中含有胃黏膜可能提示动物胃壁变薄。若发生此种情况，必须注意要轻柔操作，以防在转移动物进入手术室的过程中发生胃穿孔。

一旦动物稳定，即可进行X线检查，可以清楚地观察到胃的分隔情况（有时是病理性的）以及幽门向腹部左侧位移（图3-9）。

GDV确诊后，准备给Sol进行手术。手术时，其血细胞比容（PCV）为35%，总蛋白（TP）含量为6g/dL。

> 此病首先应使动物达到稳定状态。若无法达到稳定状态，也需保证动物术前调整至允许的最佳状态。

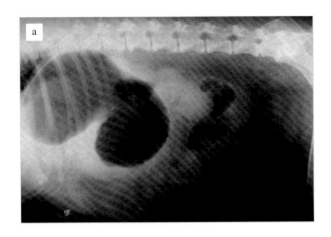

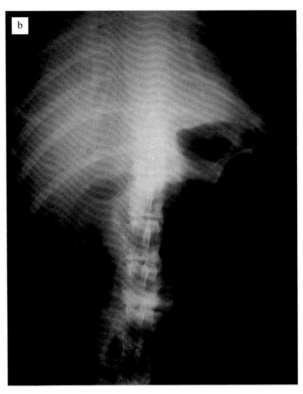

✳ 需谨记X线检查并非治疗手段。仅能在动物状态稳定的前提下进行。

图3-9 （a）腹部侧位片，可见分隔区；（b）腹背位，幽门位于腹腔左侧。

手术准备

按照无菌原则进行术前准备：大范围剃毛，剃毛区域洗必泰皂液擦洗消毒3次，最后喷洒洗必泰溶液。可插入导尿管监测动物的尿量（图3-10和图3-11）。

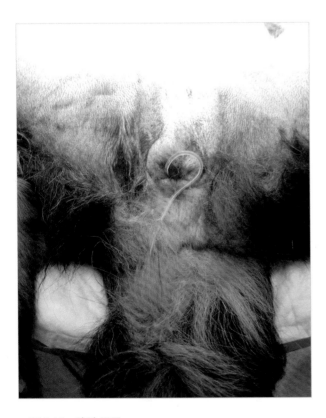

图3-10 膀胱导尿。

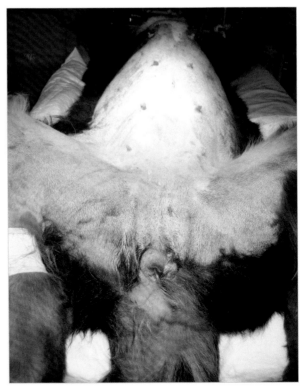

图3-11 保定患犬为仰卧位，准备实施手术。

手术操作

用10号刀片沿腹中线由剑状软骨至耻骨切开。进入腹腔后，可见患犬的腹腔中度出血，在进一步腹腔探查前抽吸腹腔中的血水（图3-12）。

胃被大网膜顺时针方向包裹。将扭转的胃复位，位于腹部左侧的幽门复位还原至右侧（图3-13至图3-16）。

 一般为顺时针扭转。可为90°～270°扭转。逆时针扭转不会超过90°。

对腹腔，特别是要对胃进行探查。腹腔其他脏器未见明显异常。抽吸腹腔剩余液体（图3-17），可见网膜囊有出血点，可能是因为胃小血管在扭转过程中破裂。

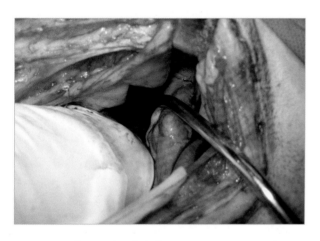

图3-12 抽吸出腹腔内血水。

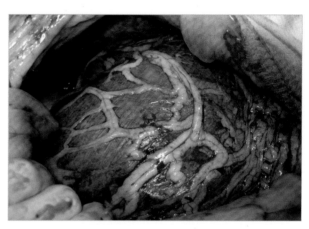

图3-13 大网膜覆盖胃腹侧。胃顺时针扭转了180°。

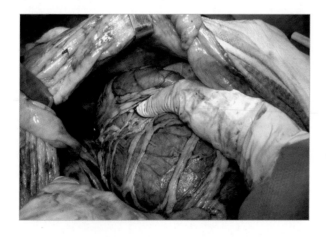

图3-14 将扭转的胃复位，位于腹部左侧的幽门还原至右侧。

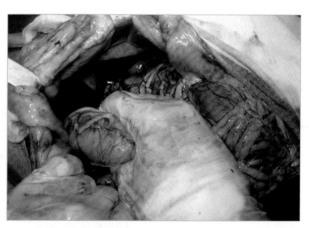

图3-15 幽门复位。

脾脏肿胀，但未见缺血变化，触诊脾静脉未见血块（"串珠样"结构）（图3-18）。

胃检查显示胃小血管破裂，由于充血和轻微缺血反应，胃底出现轻微变化反应（图3-19）。检查胃壁有无出血，并通过对胃壁和浆膜肌层的检查可间接评估黏膜层和黏膜下层，发现胃壁状态尚可。为防止GDV复发，在幽门窦水平进行胃固定术。

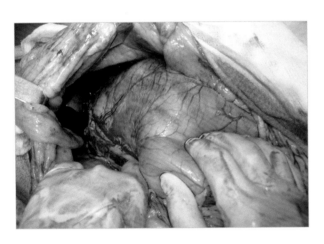

图3-16　胃恢复至正常位。

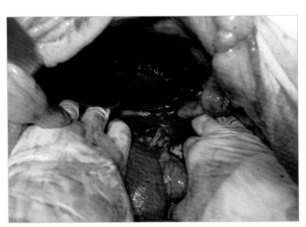

图3-17　腹腔中残留血水。

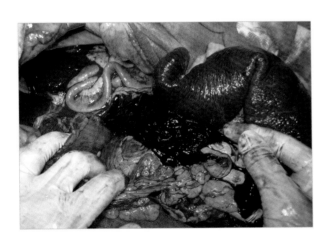

图3-18　中度脾肿大。血肿与胃小血管破裂相关。

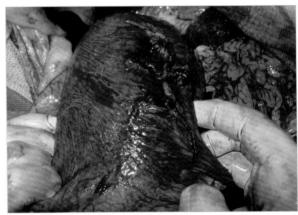

图3-19　可见胃小血管破裂。出现轻度充血和缺血，但未影响胃壁完整性。

　　由于小血管的破裂，胃底有时可见严重的缺血和坏死。术者必须决定是否进行胃切除术或胃修补术（胃底折叠术）（图3-20）。胃切除术会增加死亡率。对较严重的病例，有可能需要进行安乐死（图3-21和图3-22）。

　　对胃底折叠术，将失去功能的胃壁向内折叠并进行两次内翻缝合（图3-20b）。折叠或切除的边界通常是距失活组织边缘1～2cm处。

　　胃固定术的切口开始于胃壁距幽门窦水平处4～5cm处（图3-23至图3-25）。

> 胃修补术：用于胃坏死、失活或无法确定其强度时。进行胃修补术取决于健康胃壁范围和需要切除或折叠的胃壁面积。

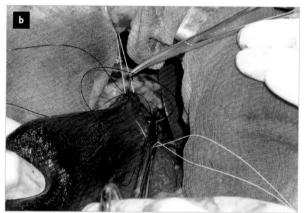

图3-20　胃缝合术。（a）胃底折叠术；（b）内翻缝合线（黑色）和预留线（黄色），注意组织上黑色区域为坏死组织。

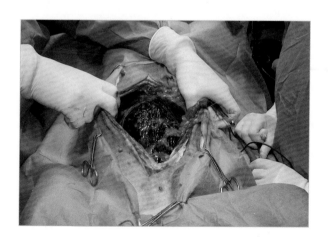

图3-21　胃顺时针扭转后发现存在部分胃坏死。

图3-22　发生大范围胃坏死的动物需要进行安乐死。

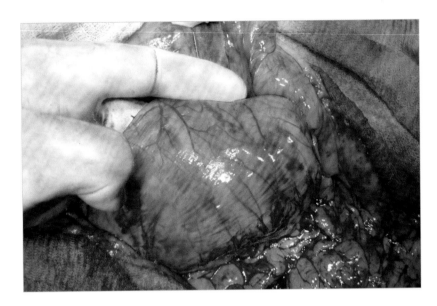

图3-23 幽门窦。

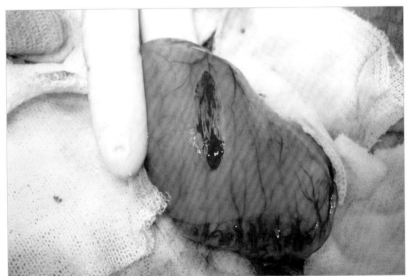

图3-24 从肌层切开胃壁。

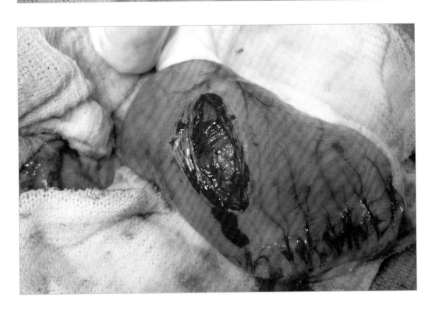

图3-25 幽门窦至肌层切口，可见黏膜下层和黏膜层突出。

将胃窦轻轻移向腹壁，接触到腹横肌，在将要固定的位置进行标记，以使术者能够在缝线承受较小张力的情况下将幽门固定至腹壁。

随后在腹膜和腹横肌上做切口。做上述大小切口的原因是伤口愈合后会发生回缩和重塑，从而减少粘连（图3-26）。

接下来用2/0不可吸收缝线缝合切口。以简单连续缝合法缝合远端和近端切口（图3-27至图3-29）。远端缝合完成后，打结固定缝线。

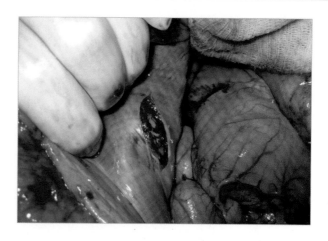

图3-26　腹膜和腹横肌的切口相吻合。

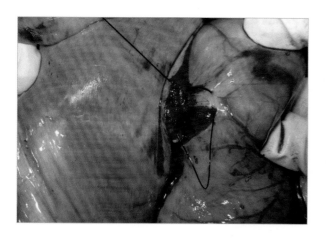

图3-27　远端切口连续缝合。

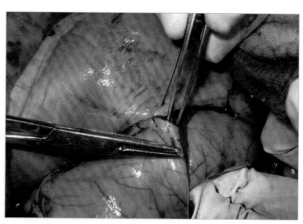

图3-28　近端切口连续缝合。

图3-29a　完成胃固定术。

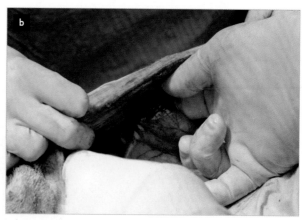

图3-29b　评估缝线张力。

再进行一次腹腔探查，接下来使用温热生理盐水冲洗腹腔。抽吸净液体后以常规法闭合腹腔（图3-30和图3-31）。

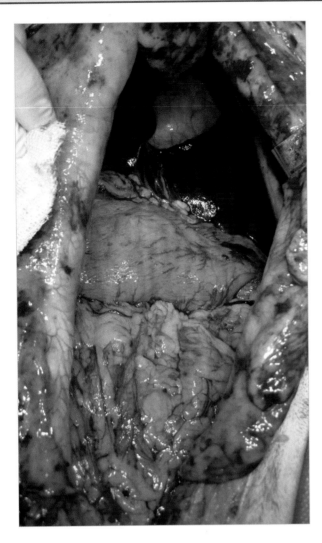

图3-30　胃复位。

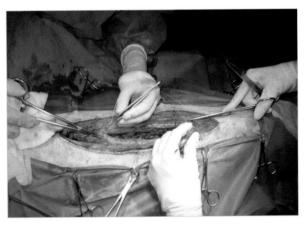

图3-31　闭合腹腔。

注意事项

患犬苏醒良好。住院监护48h，持续进行液体治疗，并给予抗生素和止疼药。未出现心脏异常（节律异常）。

术后18h，Sol可进水，术后24h开始给予半流体食物。

术后第3天开始排便，继续使用曲马多、阿莫西林-舒巴坦。7d后拆线，出院回家保证每天3～4次进食。至今未再次出现胃扭转。

对病情更严重的病例，术后护理除了液体治疗，还包括抗氧化剂的使用，以防止再灌注损伤，胃灌洗时若出现胃黏膜脱落（"咖啡粉"）的迹象，则使用黏膜保护剂和质子泵抑制剂。

引起GDV的病因和发病机理至今不是很清楚。但是，已发现了几种导致该病发作的风险因素，如巨型犬、深胸犬，每天仅单次饲喂，进食速度快，餐后剧烈运动等；以及对风险增加的犬只所采取的预防措施。

Y-U幽门成形术

临床常见度	■■□□□	
技术难度	■■■■□	

■ 幽门窦成形术。
■ 适用于严重的幽门狭窄。

病例	
名字	Loto
物种	犬
品种	法国斗牛犬
性别	雄性、未去势
年龄	4月龄

临床症状：反复性慢性呕吐。

体格检查

主人自2月龄开始饲养该犬，当时就出现慢性呕吐的症状。

粪便检查为弓首蛔虫阳性后采取相应的治疗（图3-32），但症状未见好转。对症治疗可取得暂时的改善。腹部X线检查排除异物，仅显示胃轻微胀气。

调查动物病史，呕吐发生在动物进食后，并呈暴发性。动物仅对液体不出现呕吐反应。

结合病史、动物品种和胃扩张的征象，怀疑动物为先天性幽门狭窄。

内窥镜检查显示幽门附近胃壁增厚，因此食物无法正常排入十二指肠。进行活组织采样，并决定进行幽门成形术以扩大幽门区域。

此情况有几种手术处置方法。Fredet-Ramstedt幽门切开术和Heineke-Mikulicz幽门成形术扩张效果欠佳，因为可能存在复发或幽门未能扩张的情况。

Y-U幽门成形术是扩张幽门最有效的方法，术后不存在狭窄或收缩的情况。

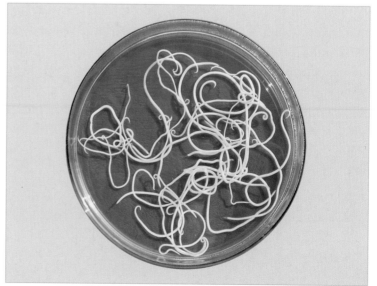

图3-32 犬蛔虫成虫。慢性呕吐的鉴别诊断应包括寄生虫病，如弓首蛔虫病。

手术准备

这是一个清洁-污染手术。打开腹腔至切开胃应是无菌过程。胃和十二指肠切开后是易发生污染的阶段。

手术区域用4%洗必泰皂液擦洗，再喷洒2.5%洗必泰溶液。

手术技术

从剑状软骨至耻骨沿腹中线打开腹腔。将湿润纱布放入腹腔。探查整个腹腔，特别是胃和十二指肠。

切断部分肝腹制带，进一步暴露胃，注意胆管（胆总管）位于暴露和被修剪韧带的远端。周围放置更多的湿润纱布以防胃内容物污染腹腔。唯一检查到的异常是幽门区域增厚（图3-33）。

胃切开术的切口经过幽门，从幽门窦至十二指肠近端。切口呈Y形。然后向胃大弯和胃小弯处分别切两个切口，呈现出"Y"的轮廓。可用梅氏剪进行此处操作（图3-34）。

图3-33　幽门区域增厚。用湿润纱布将胃隔离开。

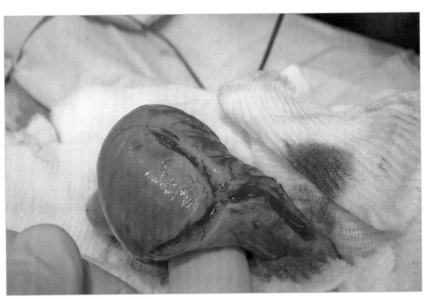

图3-34　Y形切口。

✳ 胃表面的两个Y形切口必须与表示茎部的切口长度相等。

浆膜肌层切开后，进行胃、幽门和十二指肠的全层切开（图3-35）。

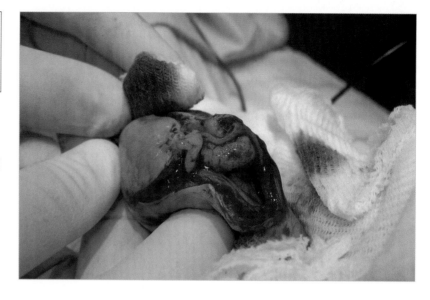

图3-35　全层切开。

进一步评估胃壁，发现幽门处显著增厚（图3-36）。

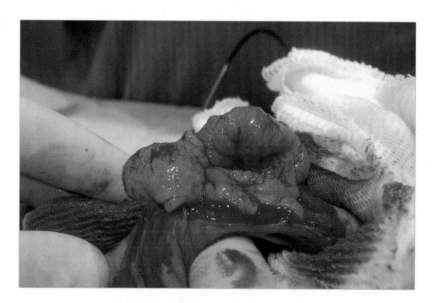

图3-36　幽门壁增厚。

从增厚的幽门壁取样，切除残余部分（图3-37）。

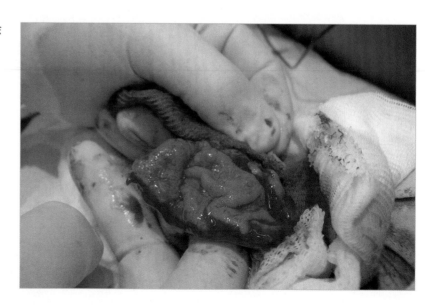

图3-37　切除后的增生的黏膜。

接下来进行U形缝合。为了能完成U形缝合，需要在十二指肠上方制作一个胃窦皮瓣。在Y形切口中央固定第一针，并指向切口十二指肠侧的"Y"（图3-38）。

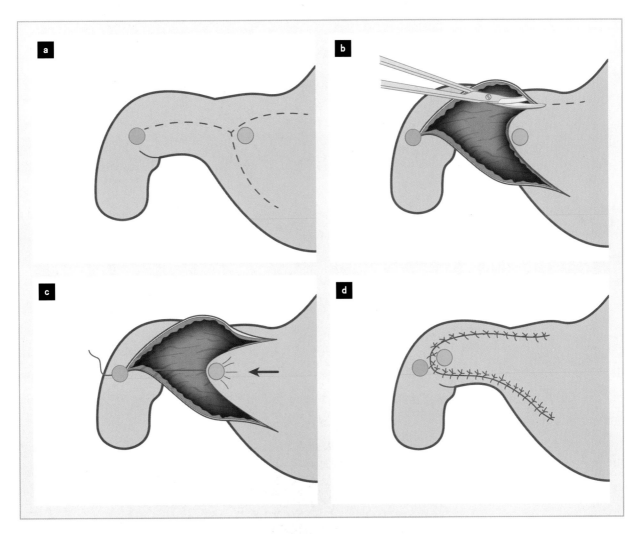

图3-38　(a) 切开十二指肠到幽门窦；(b) 用梅氏剪剪开组织；(c) 在Y形切口中央固定第一针；(d) 完成缝合。

3/0单股可吸收缝线进行简单间断缝合（图3-39和图3-40）。

与所有腹腔手术一样，腹腔冲洗后按常规方法闭合腹腔（图3-41）。

动物苏醒后表现正常。术后立即给予抗生素、止疼药、促动力剂和胃黏膜保护剂（如胃复安和雷尼替丁）以及支持治疗。

术后动物对食物耐受良好，未发生呕吐。术后7d拆线。

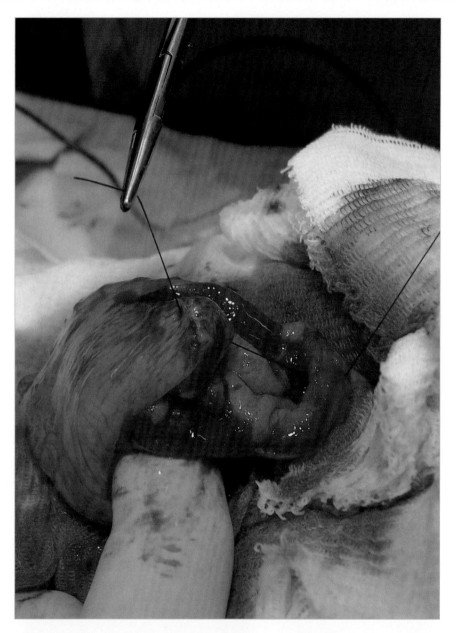

图3-39 从幽门窦到十二指肠缝合时第一针开始的位置。

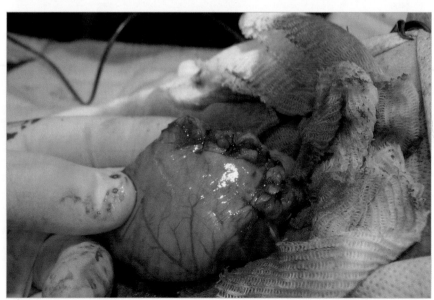

图3-40 交替缝合以使两侧张力相同。

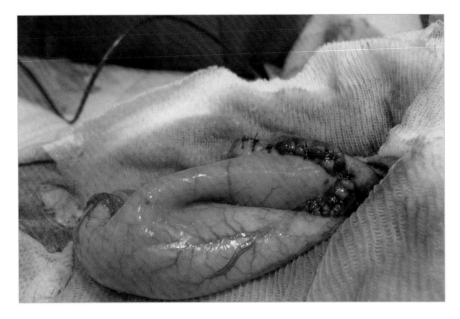

图3-41　完成胃窦皮瓣。

图3-42　Loto 的8月龄照。

* 任何扩张幽门和胃窦的操作都可能导致胃-十二指肠返流加重。因此，可能需要使用促进胃肠道蠕动的药物。

诊断

组织病理学诊断为平滑肌良性增生。

注意事项

术后苏醒良好，之后一个月内，Loto 增重1.5kg。患犬被转诊到专科医生处进一步治疗可能发生的胃-十二指肠返流。

3个月后，Loto 达到了成年正常体重，未发生消化道并发症（图3-42）。

胰腺创伤性破裂导致的化学性腹膜炎

临床常见度	■				
技术难度		■	■	■	

病例	
名字	Mica
物种	猫
品种	家养短毛猫
性别	雌性
年龄	7岁

■ 开腹探查，部分胰腺切除。

■ 适用于胰腺肿瘤、囊肿或严重创伤的病例。

临床症状：腹痛、扩张、厌食、坐立不安、沉郁。

体格检查

该猫从3楼摔下。表现出剧烈疼痛和中度呼吸困难。已进行静脉输液，给予非甾体抗炎药（NSAIDs）、止疼药和抗生素。

进行完以上处理后，将患猫安置于氧箱中。待其情况稳定后，进行胸部X线检查，胸膜腔中有少量积液，但无法进行穿刺（图3-43）。

* 呼吸困难的动物不产生进一步的应激非常重要，包括进行X线检查，因为摆位过程有可能对动物造成伤害。

触诊患猫腹部，表现为抗拒。对腹腔进行超声检查。检查结果显示膀胱完整，前腹部表现轻度的腹膜反应。

患猫住院后继续输注止疼药、抗生素并给予氧气。在随后24h内动物表现不稳定，腹痛加剧，对止疼药不敏感。因此，必须持续输注止疼药。

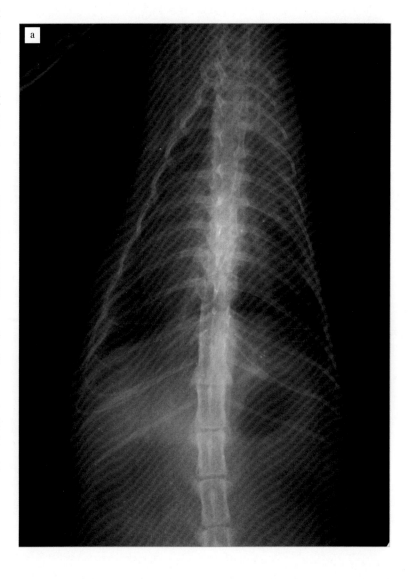

图3-43a 胸部背腹位X线片显示轻度胸膜腔积液。

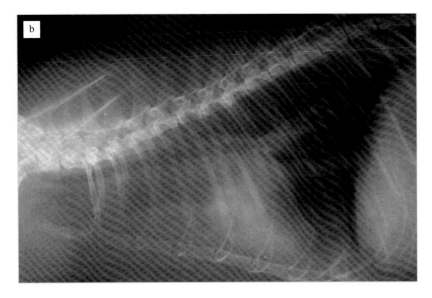

患猫的呼吸变快，吐出黏绸的胃内容物。听诊无明显水泡音，提示之前的临床症状源于疼痛。

再次进行X线检查，未见胸膜腔积液增加。B超检查可见腹中部有中度腹膜腔积液和严重的腹膜反应。

实验室检查显示白蛋白和总蛋白水平下降，白细胞升高。此时，决定进行开腹检查。

图3-43b　胸部侧位X线显示轻度胸膜腔积液。

手术准备

给患猫的腹部剃毛，用洗必泰溶液进行消毒（图3-44）。

图3-44　患猫开腹检查前先进行腹部广泛性剃毛。

手术技术

从剑状软骨到耻骨沿腹中线切开。腹腔内出现适量血清样液体，患猫有严重的腹膜反应，类似影响大网膜和浆膜表面的酶反应（图3-45和图3-46）。

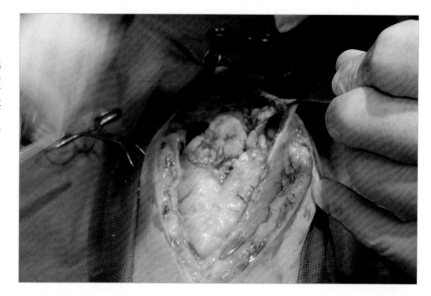

图3-45　化学性腹膜炎。

图3-46　脂肪皂化：脂肪沉积呈"肥皂"样。

进行腹腔检查时，胰腺左叶水平的腹膜反应更为严重。腹腔用温生理盐水进行冲洗，一些松散的粘连得以分开（图3-47）。

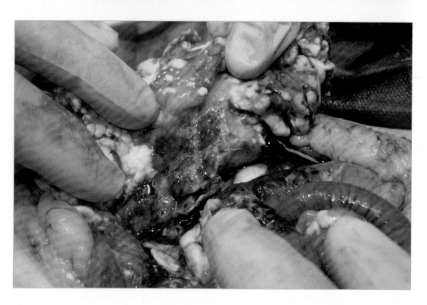

图3-47　多处粘连对胰腺左叶区域影响较为严重。

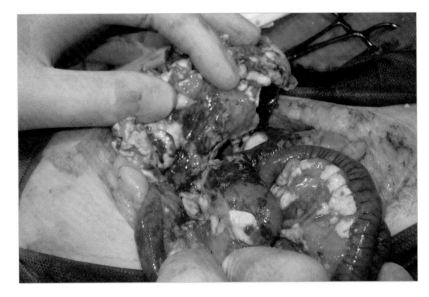

胰酶渗漏引起的化学性腹膜炎相当于三度烧伤。

可用直角钳进行手术，胰管和血管用可吸收单股缝合材料结扎（图3-48至图3-50）。

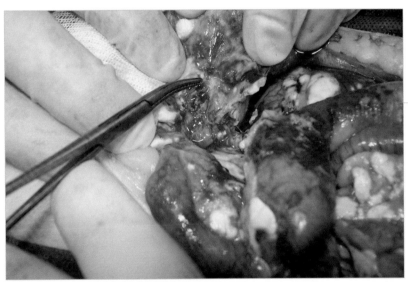

图3-48 使用直角钳分离胰腺左叶。

图3-49 用缝线环扎胰腺左叶时应使用直角钳。

图 3-50　钳夹缝线，绕过胰腺左叶结扎胰管和血管。

随后决定对患猫进行部分胰腺切除术。仔细分离胰腺左叶并切除，这是胰酶泄漏至腹腔的主要部位。

> 用手术刀可将胰腺左叶切除。本病例中不能对胰管和血管进行精细解剖及剥离。要保留胰腺主体，必须保证胰腺分泌物能够流入十二指肠。

另外，用温热生理盐水对腹腔彻底冲洗和抽吸前，需采样进行细菌培养和药敏试验。

闭合腹腔前，放置腹腔引流管引流，放置空肠饲管进行行术后喂食（图 3-51 至图 3-53）。常规闭合腹腔。

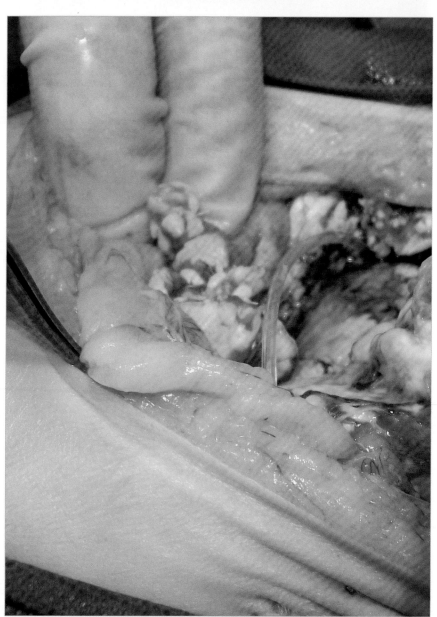

图 3-51　腹腔引流管。

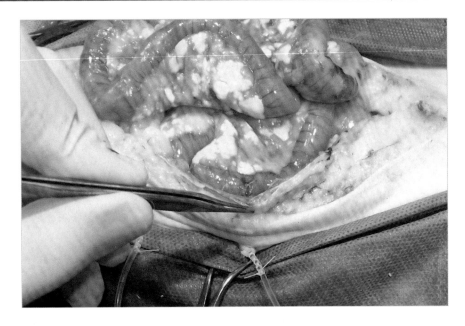

图3-52　腹腔引流管和空肠饲管。

注意事项

动物病情发展不乐观。持续的疼痛和蛋白丢失使其在术后48h不得不被实施安乐术。

*　胰酶泄漏造成的化学性腹膜炎一般预后较差。疼痛、体液和蛋白丢失及细菌感染是引起低血容量性休克和败血症的原因。

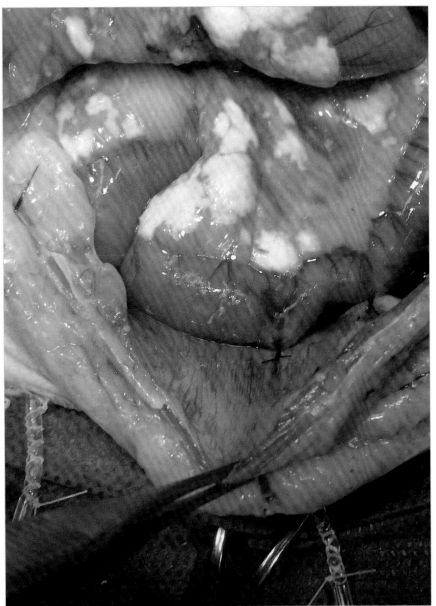

图3-53　用指套缝合法固定腹腔引流管和空肠饲管。

肠系膜扭转

临床常见度	■	■	□	□	□
技术难度	■	■	■	■	■

病例	
名字	Cuba
物种	犬
品种	杜宾犬
性别	雌性、未绝育
年龄	9月龄

■ 开腹探查术、肠道切除术。
■ 适用于移除异物、肠套叠、肿瘤性疾病及肠系膜扭转。

临床症状：急性腹痛、血便。

体格检查

动物挂急诊来到医院，表现出明显的腹痛，呈疼痛姿势，脉搏快而弱、心动过速、黏膜苍白。

肛门括约肌处可见血便流出（图3-54）。鉴别诊断包括胃扭转、腹部扩张，但症状表现不典型。

静脉输液、给予止疼药和广谱抗生素保持动物体况稳定。面罩供氧（图3-55），但收效甚微。

进行X线检查，可见广泛肠梗阻（图3-56）。

实验室检查：PCV为30%，总固体（TS）量为5g/dL，葡萄糖浓度为86mg/dL。

初步诊断为肠系膜扭转，需要进行紧急开腹探查。

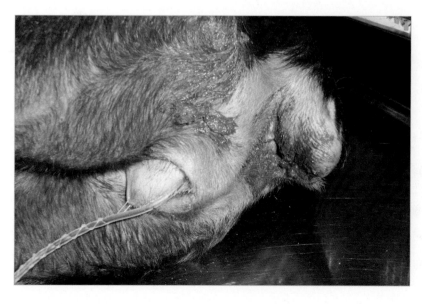

图3-54 黏稠血便流出。

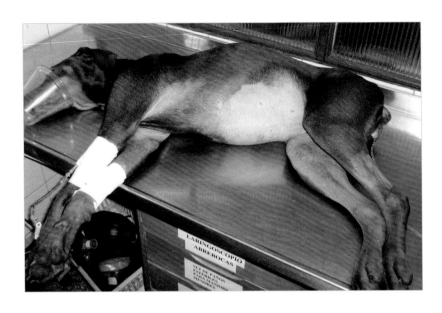

图 3-55　腹部扩张。给患犬持续供氧。

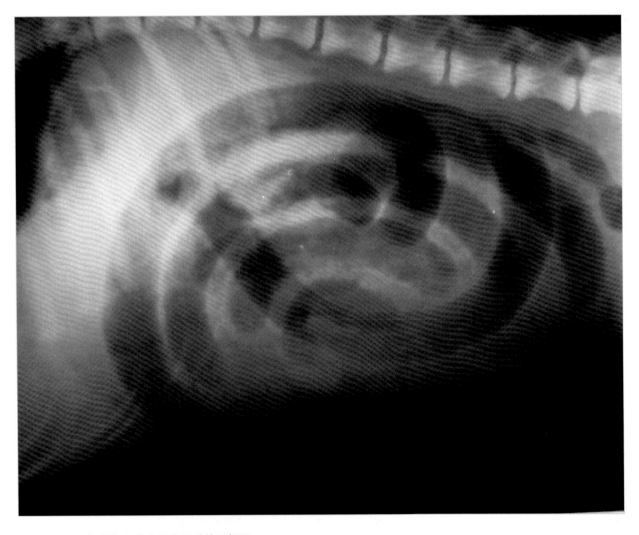

图 3-56　腹部侧位 X 线片可见严重的肠梗阻。

术前准备

根据规程常规准备，喷洒聚维酮碘溶液擦洗。

手术技术

剑状软骨至耻骨沿腹中线切开，暴露腹腔。开腹时溢出大量游离气体。腹腔内有中量血清样液体。在十二指肠-空肠弯曲尾侧约20cm至回肠末端头侧约2cm处可见肠系膜扭转（图3-57）。

由于小肠形态尚可，应切除扭转的肠段。在扭转的肠系膜处进行结扎，不要尝试将其解旋（图3-58和图3-59）。

图3-57　肠系膜扭转，见肠管广泛受损。

图3-58　在扭转的肠系膜处进行结扎。

结扎后进行肠切除吻合术（图3-60）。

> ＊　对大多数病例，不建议展开已发生坏死的肠袢。应结扎后切除，避免发生致命的再灌注损伤。

图3-59　结扎完毕准备分离。

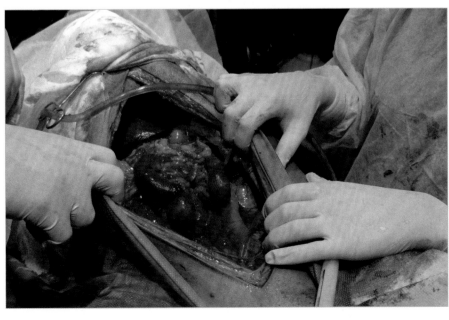

图3-60　肠吻合术。注意靠近盲肠和回盲瓣的短尾段（回肠）。

用无菌生理盐水测试结扎的肠管是否严密，并覆盖大网膜为肠管吻合处提供支持和保护（图3-61和图3-62）；用常规方法留置空肠饲管（图3-63）。

图3-61 吻合部位覆盖网膜。

图3-62 吻合部位周围覆盖网膜。

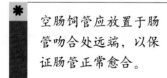

空肠饲管应放置于肠管吻合处远端，以保证肠管正常愈合。

图3-63 放置空肠饲管。

在Cuba的病例中，空肠饲管不得不放置于肠管吻合处近端。若放置在吻合处远端，剩余的肠管将无法彻底吸收营养。

以常规方法对腹腔进行彻底冲洗并从中采样，之后做细菌培养和药敏试验。最后，以常规方法闭合腹腔。用绷带固定空肠饲管。动物苏醒后住院进行密切监护（图3-64）。

术后使用广谱抗生素（青霉素、甲硝唑和恩诺沙星）直到细菌培养和药敏试验结果出来为止。止疼药进行持续恒速输注，包括输入液体和血浆。对治疗而言，最重要的是缓解疼痛。

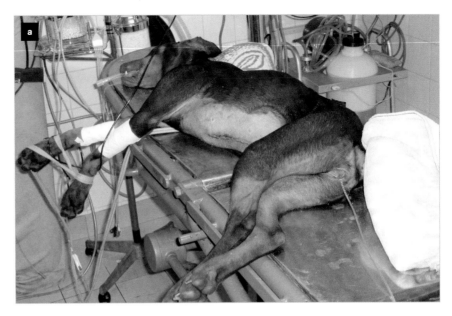

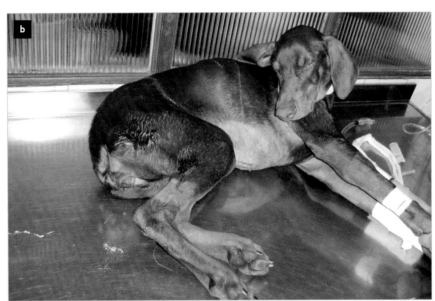

图3-64　(a) 术后苏醒；(b) 患犬有疼痛反应。

术后第一天，通过空肠饲管饲喂高热量食物。在第一个24h，仅给予基础要求1/4量的食物，以避免发生短肠相关的不利反应。输注血浆是支持疗法之一，患犬在术后第4天才能够维持持续的肠道低容量状态。

在此期间，患犬精神沉郁、体温升高并有呕吐。持续给予止疼药。

细菌培养结果显示存在对阿莫西林-舒巴坦敏感的大肠杆菌，因此，要更换抗生素。进行了一周的止疼药CRI后，可用曲马多控制患犬疼痛。

此时患犬可自主采食，对食物耐受良好。持续腹泻，但频率降低，失水量减少。

患犬出院，2周后拆除缝线。使用低残渣商品粮，饲主能很好控制患犬粪便状态。

由于切除较大范围的肠管，患犬患上了短肠综合征。

注意事项

肠系膜扭转死亡率非常高。另外，空肠切移越多，预后越差。对此病例而言，虽然患犬病初时表现较危急，但由于医师团队的配合和动物的坚持，该动物最终预后良好。

> ＊　肠系膜扭转可能在数小时内导致动物死亡。

在某些情况下，肠系膜扭转并非很严重，可尝试肠管的复位。在此情况下，手术医生应预留足够时间使肠管进行再灌注，然后评估肠管的活性。

十二指肠异物

临床常见度	■	■			
技术难度	■	■	■		

病例	
名字	Lugane
物种	犬
品种	混血犬
性别	雄性
年龄	8岁

■ 间歇性呕吐。

■ 可触及肿块，触诊时疼痛。

> **临床症状：**间歇性呕吐持续了10d。从发病的前一天晚上就不能饮水，否则就会发生呕吐。

体格检查

触诊检查时发现前腹部疼痛。在腹腔右侧可触及一直径大约2cm圆形团块，其他身体检查未见异常。

腹部侧位和腹背位影像显示，类似于腹膜炎的腹腔内脏部分细节丢失及圆形的不透射线异物（FB）影像（图3-65）。

同时使用超声波检查，因为有时X线不能检查出透射线的异物。超声波检查未提示腹膜炎征象，但发现小肠中有一个球形的团块。

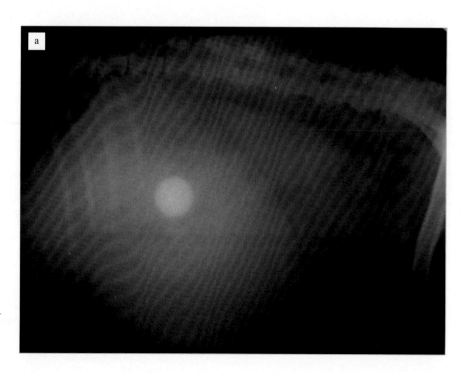

图3-65a　腹部的侧位图，可见一边界清晰的不透射线的圆形物体。

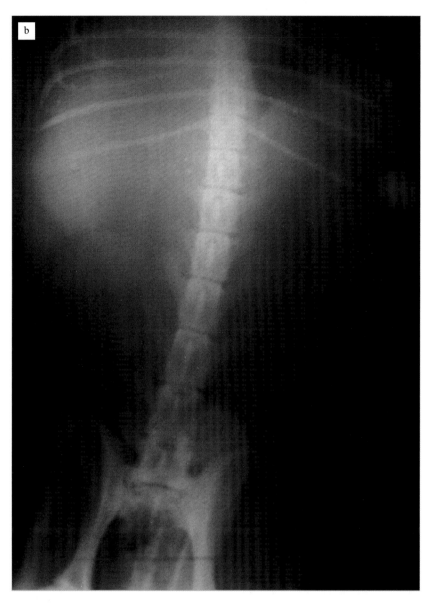

图3-65b 腹部的腹侧图，腹腔右侧不投射线的圆形物体。

手术准备

沿腹中线切开腹腔，根据标准技术进行备皮和准备（图3-66）。

> ✳ 需要注意毛发比较长的动物，如果备皮区域太窄，毛发可能会出现在手术区域。

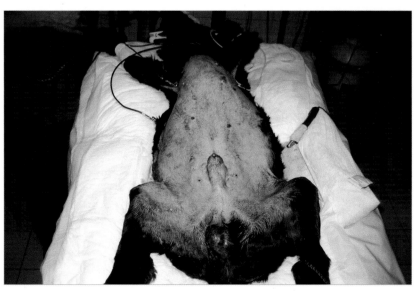

图3-66 动物以背侧卧位保定，准备手术。

手术技术

打开腹腔后，牵拉出十二指肠，异物位于升十二指肠段，将湿润的腹腔纱布放置在肠袢周围，最大限度减少肠道内容物的泄漏。在该步骤中，腹腔纱布隔离的肠袢应该靠近外科医生，避免肠袢出现在腹中线附近，以防止任何肠内容物泄漏到腹腔内。

该手术有三个阶段（无菌/污染/无菌）
无菌阶段：使用湿润的10cm×10cm纱布垫隔离十二指肠直至切开
污染阶段：十二指肠切开和取出异物
无菌阶段：缝合十二指肠后移除纱布并更换手套。使用新的小包装器械闭合腹腔

> ✳ 找到异物后（图3-67），必须检查大肠和小肠的其余部分，以避免忽略其他异物。

将受影响的十二指肠隔离（图3-68），轻轻挤走十二指肠腔中的内容物（食糜）。这个操作最大限度减少了肠切开术时食糜的溢出。

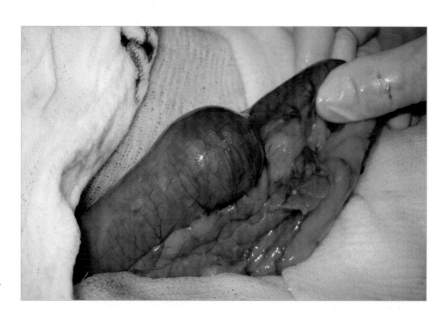

图3-67 异物头侧的肠袢扩张，但是尾侧肠袢正常。

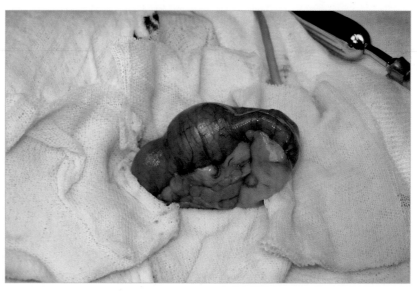

图3-68 隔离扩张段的十二指肠，准备切开。

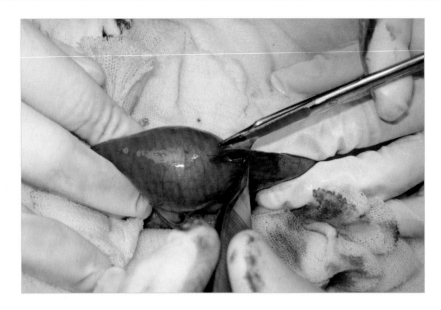

肠切开前，切开部位的近端及远端均需进行闭塞（图3-69），以减少食糜的溢出。助手可将食指和中指呈剪刀状放在距离近端和远端4cm的位置处，以实现无创性的管腔闭塞，也可用Doyen肠钳。

图3-69 在切开十二指肠之前，助手用双手的食指和中指将异物位置的肠腔头侧和尾侧夹紧。

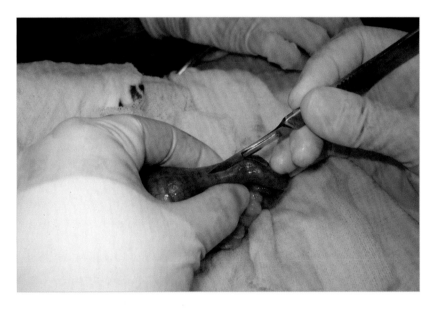

＊ 不要使用拇指和食指，因为它们会对肠壁施加过大的压力。小型Doyen肠钳对于脆弱的十二指肠壁和偶尔缺乏空间的腹腔是更好的选择。

切开肠管的健康部位（图3-70），然后轻轻地取出异物。切口的长度与异物大小相关，需保证异物可以平稳地被取出且不对肠壁产生额外的拉力。

图3-70 手术刀切开肠壁。

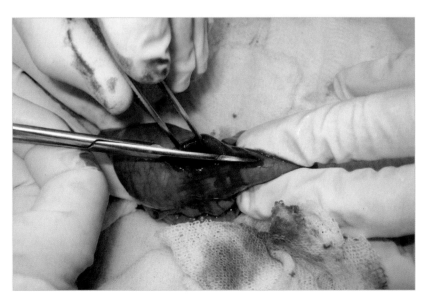

这个病例中，需要扩大切口，外科医生使用梅氏剪沿肠道长轴扩大切口，确保在不撕裂肠壁的情况下取出异物（图3-71和图3-72），这个过程也可以使用手术刀操作。

图3-71 用剪刀扩大肠壁切口。

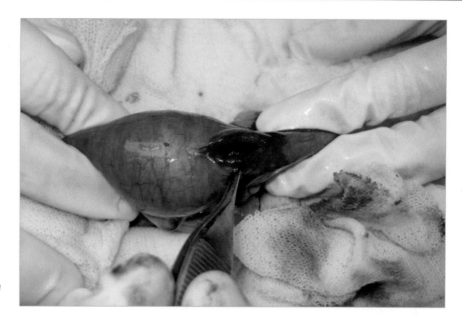

图3-72 切开肠管之后，肠黏膜突出外翻。

值得注意的是，肠壁被切开后，黏膜会外翻（呈"蘑菇"样外观）（图3-73）。

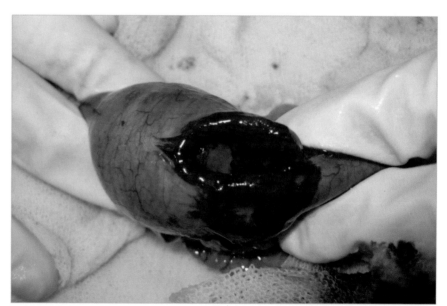

图3-73 "蘑菇"样外观

切开合适的长度，轻轻地取出异物（图3-74）。

图3-74a 用海绵包裹取出的异物，丢弃或者交给护士。

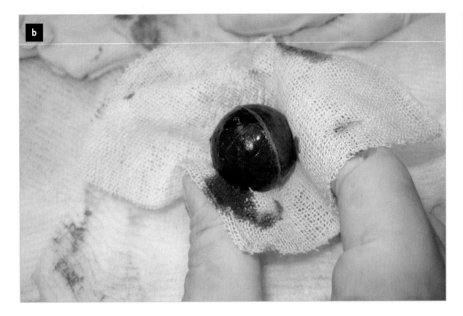

✱ 每个用于隔离切口边缘的纱布都需要丢弃，保持肠祥远离切口以减少污染。

图3-74b 取出的异物。

助手保持钳夹姿势直至外科医生评估完肠道的组织活性，切口边缘使用温生理盐水浸润纱布保湿。准备开始闭合肠道切口。

如果需要，可以对多余的肠道外翻黏膜进行部分修剪，使黏膜边缘与浆膜表面齐平（图3-75）。

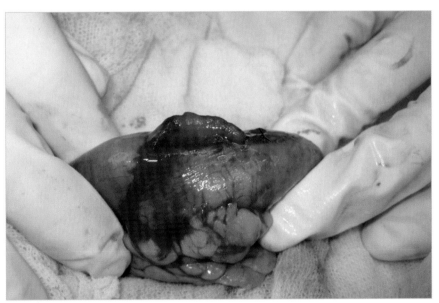

图3-75 准备闭合的肠管。

使用单股可吸收材料进行简单的结节缝合（图3-76）。

缝合时从浆膜进针的位置比从黏膜出针的位置稍远一些，以防止黏膜外翻，插入肠道各层之间的黏膜会导致伤口延迟愈合。

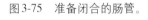

图3-76 使用结节缝合（单股可吸收缝线）闭合肠管。

在不压迫肠壁的前提下，肠壁的每层都应该是对合的，缝线应保持张力但不应过紧。缝合结束后，可以进行水压试验评估缝合后肠管的严密性（图3-77）。由于小肠肠腔是一个低压系统，因此不需要注射很多的盐水。注射适量盐水扩张肠切开的部位，如果发生泄漏，需要再进行一次或者两侧的缝合，然后再次检查是否出现泄漏。

经过水压测试后，如果认为有必要可以使用大网膜覆盖肠管切口，在更复杂的病例中，可以考虑使用浆膜修补术。冲洗腹腔，检查后闭合腹腔。注射器和异物见图3-78。

一般术后会立即停止使用预防性抗生素。密切监测病患以决定是否继续使用抗生素。后期常规使用非甾体类抗炎药和止痛药。

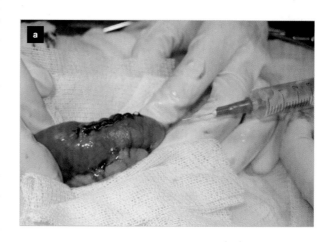

图 3-77a 测试肠壁缝合后的严密性很重要。

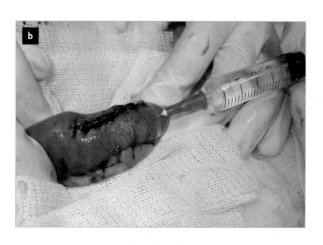

图 3-77b 用少量的盐水进行水压试验。

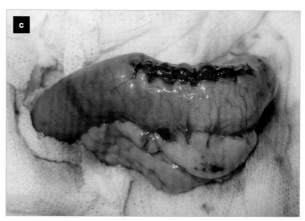

图 3-77c 注意扩张肠管切开的位置是否有液体渗出。

进展

对Lugane这个病例，根据标准技术进行了3层缝合法缝合腹壁切口，术后它顺利恢复。病患大约36h后开始排软便，停止呕吐，3d后出院并且没有出现任何问题。术后一周拆除缝线时开始缓慢恢复饮食。

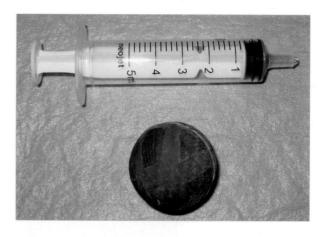

图 3-78 异物与注射器的比较图。

肝外分流术

临床常见度	■	■	■	□	□
技术难度	■	■	■	■	□

■ 门体分流术。
■ 开腹探查。

> 临床症状：餐后的行为问题，头压低，本体感觉丧失，单次癫痫发作。

病例	
名字	Franky
物种	犬
品种	巴哥犬
性别	雄性
年龄	6月龄

通过多普勒超声验证这个诊断结果，同时要给予低蛋白饮食和乳果糖。

多普勒超声确诊是单个肝外分流，因此决定手术治疗。

> 肝门静脉是肝脏的主要血液供应来源（80%），因此门体系统异常会导致肝脏发育异常。

> 肝脏发育不全导致无法产生白蛋白和BUN，因此BUN与白蛋白数值降低。

体格检查

　　一只6月龄的巴哥犬在餐后出现行为改变和神经系统症状，其疫苗是刚注射的。基本检查也未发现其他异常，随后进行了血液学检查、粪便检查和腹部超声检查。

　　血液学显示血细胞比容（PCV）为31%，肝酶略微升高，血清尿素氮（BUN）数值为19，肌酐正常，有低蛋白血症且凝血功能正常。腹部超声显示肝脏略小，双肾肿大。

　　结合临床症状和BUN、白蛋白降低以及超声图像显示肝脏减小，初步怀疑为门体分流。建议

手术准备

　　以无菌技术进行术前准备（图3-79），将导管放置在颈静脉中用于测量中心静脉压（CVP）（图3-80）。由于该动物存在低白蛋白血症，准备一袋血浆术中备用。

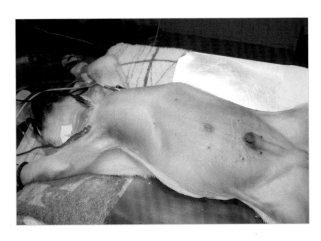

图3-79　患犬在进行开腹探查的术前准备。

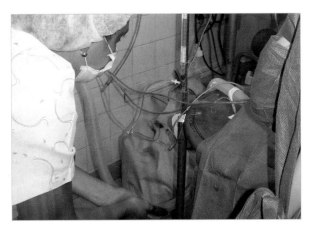

图3-80　校准CVP的压力计。

■ CVC的最后一个分支血管是肾静脉。
■ 膈腹静脉位于肾静脉的头侧。
■ 在膈腹静脉和横膈膜之间发现的任何血管都被认为是分流血管。
■ 后腔静脉背侧、肝动脉和门静脉腹侧形成网膜孔。

手术技术

沿剑状软骨至耻骨腹中线切开腹腔，湿润的腹部垫放置在切口边缘后，再放置腹腔自牵开器。

在开腹探查中发现的异常是缩小的肝脏和较大的肾脏。将十二指肠向腹壁侧移动，获得检查后腔静脉（CVC）的通路。

在网膜孔的位置检测到后腔静脉的血流，一个异常的血管分支通过网膜孔进入到后腔静脉内侧（图3-81）。门静脉形态尚正常。

打开网膜囊并检查门静脉，确认门静脉向后腔静脉的分流血管是单一的（图3-82）。然后分离出分流血管（图3-83）。

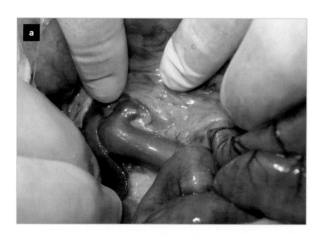

图3-81a　随着将十二指肠向内侧移动，在网膜孔的水平位置可以看到CVC和相通血管。

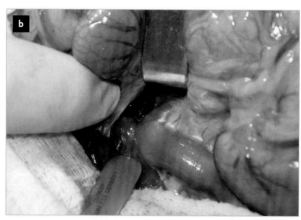

图3-81b　使用手持式牵开器牵开网膜孔，可以更好地观察到异常血管。

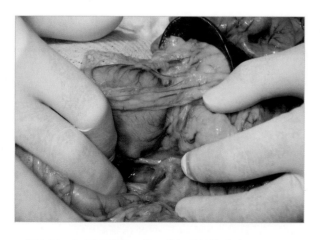

图3-82　打开网膜囊，单一的门腔静脉分流。

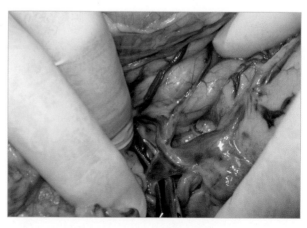

图3-83　使用直角钳分离并显露分流血管。

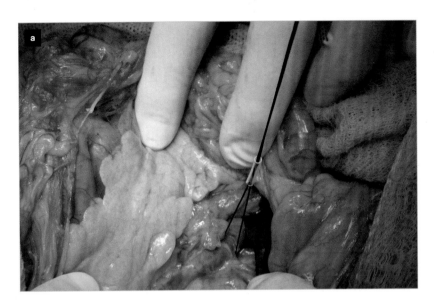

使用Rummel止血带后分支血管会暂时关闭，需要观察周围小肠的蠕动是否增加（图3-84至图3-86）。

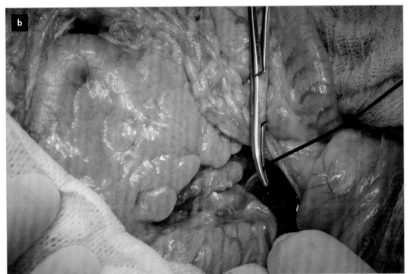

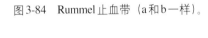

当门体静脉相通时，如果通道关闭，门静脉压力会突然增加，这将导致肠管被动充血而增加空肠的蠕动。

图3-84　Rummel止血带（a和b一样）。

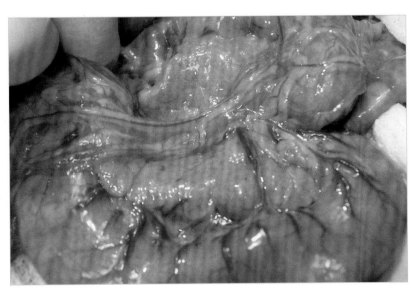

图3-85　止血带引起的内脏充血。

✳ 分流血管极少允许直接完全关闭，门静脉循环的压力突然增大会危及生命。这也是要逐渐关闭分流血管的原因之一。为此使用玻璃纸条是一个经济有效的方法。

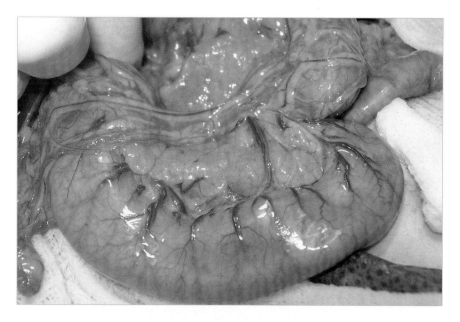

图3-86 当释放止血带时，肠道恢复正常颜色。

使用玻璃纸条关闭分流（图3-87）。玻璃纸开始放置时不能对分流血管施加压力，接下来的几周时间会发生腹膜反应和纤维化，这会使分流血管缓慢的关闭。这个过程在60～90d完成。

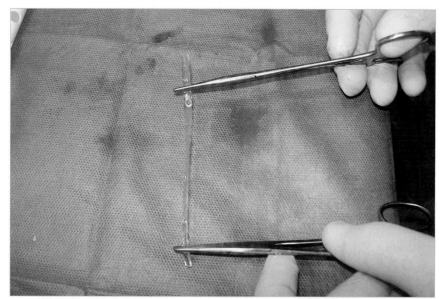

图3-87 玻璃纸条可用于逐渐关闭分流血管。

在玻璃纸条的一端可制作成L形的矫形拴，可使其放置在适当位置后不会对分流血管产生压迫。可预防初期压迫血管。

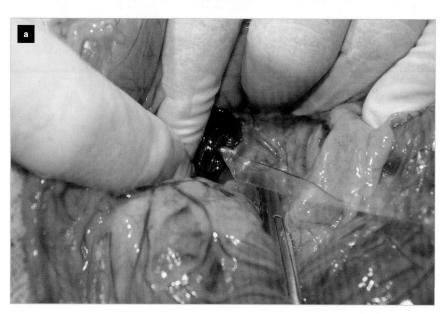

图3-88a 玻璃纸条绕过分流血管。

将玻璃纸条环绕分流血管，使用5/0尼龙单股缝线缝合两端固定玻璃纸。保留结上几毫米并剪断多余的玻璃纸（图3-88至图3-91）。

图3-88b　分流血管周围的玻璃纸条。

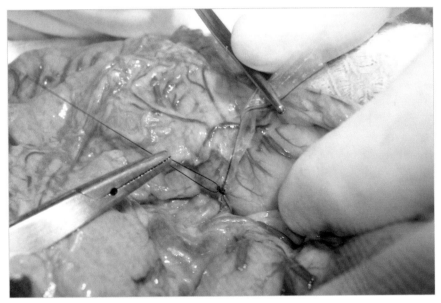

图3-89　固定玻璃纸条。

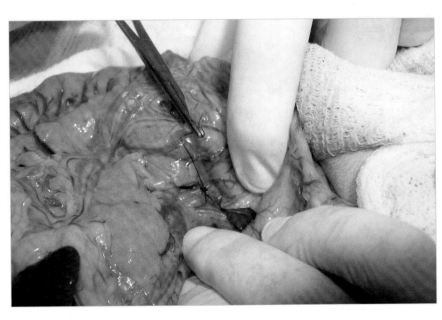

图3-90　完成固定。

正常的CVP为0～6cmH₂O*，在分流血管变细时，与患犬基础值相比的CVP不应该下降超过1cmH₂O。因为采取了玻璃纸疏松环绕的手术方式，这种逐渐封闭的方法也不需要对门静脉压力进行强制性评估。

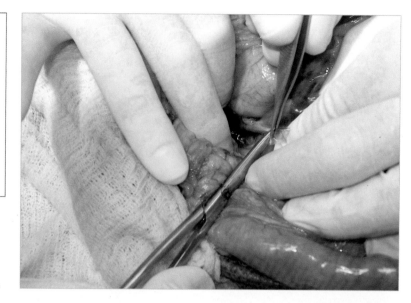

图3-91　修剪多余的玻璃纸条。

闭合腹腔之前，对肝脏进行活组织检查（图3-92）；根据标准技术灌洗腹腔后闭合腹腔。

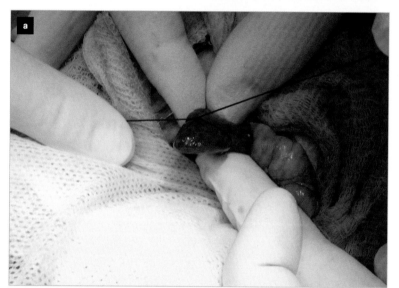

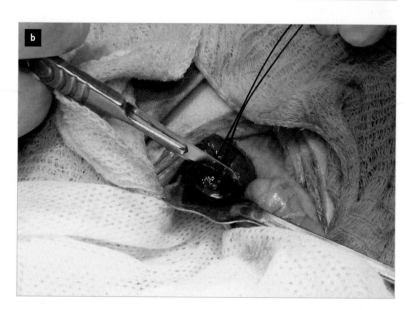

图3-92　使用"断头法"获得肝脏组织。

*cmH₂O为非法定计量单位，1cmH₂O=100Pa。

患犬术后恢复期间在重症监护室密切监测（图3-93）。

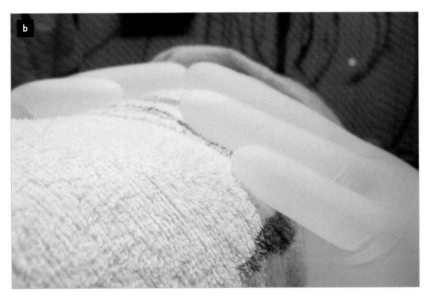

图3-93　开腹手术后，小型犬较大概率会发生低温。在没有其他保温措施的情况下，可以使用充满温水的手套提供保温。但要避免因此产生的风险。

进展

患犬继续在住院部接受疼痛管理、液体支持和抗生素治疗。手术后第1天，Franky恢复了自主饮食饮水，总共使用了两袋血浆，一袋在术中，一袋在术后恢复期。

出院时，白蛋白的数值为2.4g/dL。7d后拆线。

术后恢复良好，并且没有出现消化或神经系统并发症。

肝脏活组织检查显示与门腔静脉分流的诊断一致。术后3个月进行多普勒超声检查，确认异常血管完全闭合。

多处肝外和肝内分流

临床常见度	■				
技术难度	■	■	■	■	■

病例	
名字	Negrito
物种	犬
品种	混种德国牧羊犬
性别	雄性
年龄	3月龄

- 左侧肝叶摘除。
- 左肝静脉和后腔静脉（CVC）的部分结扎。

临床症状：陈旧的咬伤导致的鼻瘘；餐后神经症状，眩晕，发育迟缓。

体格检查

一只3月龄雄性德国牧羊犬来就诊，体况评分很差，还伴有黏膜苍白，轻度脱水，全身肌肉减少和无力（或称肌肉萎缩）。在它的鼻梁上有一个没有愈合的陈旧伤口，患犬警觉性高，厌食（图3-94）。

体格检查发现，外伤造成的鼻腔皮肤瘘管内有少量鼻腔分泌的黏稠的脓性分泌物。给患犬进行了血常规、血液生化、凝血、胸部X线以及腹部超声和粪便检查（表3-1）。

开始的治疗为静脉输液，使用广谱抗生素、维生素和高营养食品补充剂。粪便化验为寄生虫阳性后，给患犬驱虫。

表3-1　患犬不同诊断检查的结果

血清尿素氮（BUN）	10mg/dL（低，正常值8～29）
白蛋白	1.7mg/dL（非常低，正常值2.3～4）
高岭土活化部分凝血活酶时间（KPTT）	异常
凝血酶原时间（PT）	异常
胸部X线片	未见异常
腹部超声检查	肝脏小，双侧肾轻度肿大

图3-94　Negrito的外观，体型消瘦。

推测患犬可能存在肝血管异常，因此进行多普勒超声检查。多普勒显示肝脏减小，轻度腹腔积液，后腔静脉（CVC）中出现湍流，并且右肾血流水平可能存在肝外循环的迹象。

根据检查结果，改变了治疗方法，给予低蛋白饮食和舒巴坦钠阿莫西林+乳果糖。患犬腹水和神经症状逐渐恶化，知觉逐渐降低，症状表现为精神沉郁和嗜睡。白蛋白同样下降（1.1mg/dL），临床状态恶化。

> ✱ "优化"的概念是病患达到之前的一个稳定状态，当稳定状态难以实现时才会用到这个词语，特别是当病患必须经历特定的，可能威胁其生命的治疗性操作前（Gfeller, 2004）*。危险的生命过程时。

患犬住院后输注新鲜冷藏血浆（FFP），输血后白蛋白上升至2.2mg/dL；凝血曲线也得到改善。待患犬状况"优化"后，决定进行开腹探查手术。

手术准备

根据规定进行手术准备（图3-95），在右颈静脉中放置导管，测量中心静脉压（CVP）。

> ✱ 严重的肝脏衰竭可导致低蛋白血症和凝血因子生成不足，两个问题都可以通过输入FFP来改善。

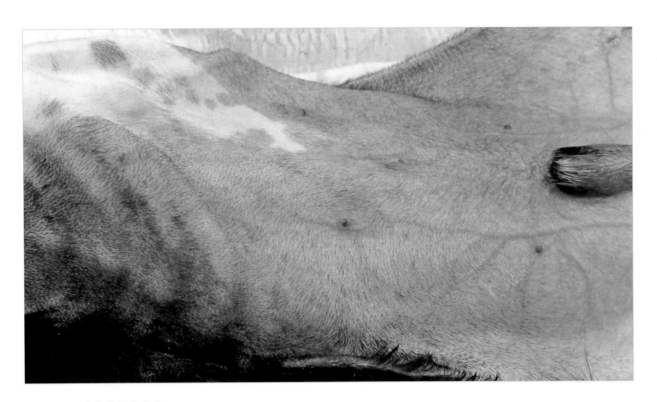

图3-95 患犬仰卧位保定。

---

*Gfeller, R. First ECC Annual UK Congress Notes, 2004. *Vets Now Congress Proceedings*. November 4-5, 2004.

手术技术

剑状软骨至耻骨沿腹中线做切口，打开腹腔后，可见双侧肾肿大，同时看到相对正常的肝脏右叶，但是体积缩小，并且颜色和质地不正常。

在汇入后腔静脉之前的左肝静脉水平位置可以明显观察到血管出现湍流。腹腔内在胃脾韧带、十二指肠中段区域和胃大弯处呈现静脉血管富集。

大量的血管（看起来像是美杜莎的头部）是多重分流的明显标志，后腔静脉中的右肾静脉和膈腹静脉之间，可看到明显的湍流（图3-96至图3-98）。

> "美杜莎的头部"一词是指肉眼可见的多个肝外分流的状态。"头部"形成的原因是门脉压的增加和继发的充血。

图3-96 因发育异常而变小的肝脏，左肝叶触摸柔软，可观察到左肝静脉。

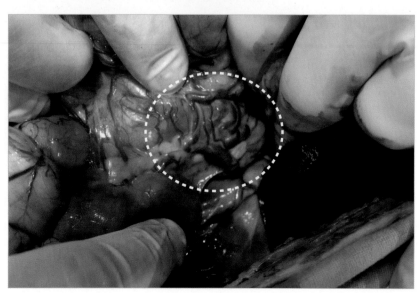

图3-97 后腔静脉和因为局部静脉充血导致扩张和迂曲的膈腹静脉（美杜莎头）。

决定使用2/0单股缝合线压迫左肝静脉使静脉变细，然后使用同样的方式和缝合材料压迫湍流头侧的后腔静脉。

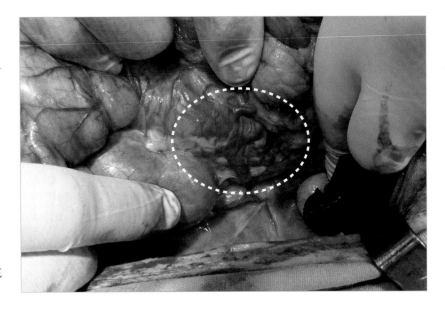

图3-98 左肾肿大，局部静脉充血和可见的美杜莎头。

* 该压迫能够减少约50%的静脉血流量。其目的是使大部分门静脉血流流经肝脏的右侧叶，同时防止由于静脉回流减少而引起的组织损伤和动脉压力下降。

左肝静脉（LHV）部分结扎

进行左肝静脉的部分结扎，首先将左肝静脉游离，然后放置Rummel止血带，这种止血带可以将静脉血流减少50%～70%。患犬对这种临时操作表现出良好的耐受性（图3-99至图3-101）。

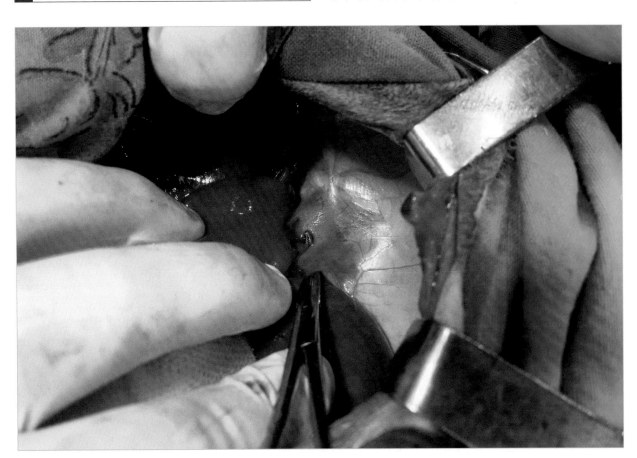

图3-99 游离左肝静脉（LHV）。

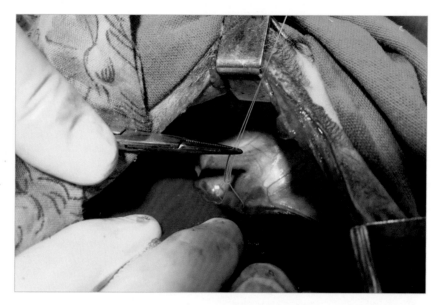

图3-100　在左肝静脉放置Rummel止血带并评估其效果。

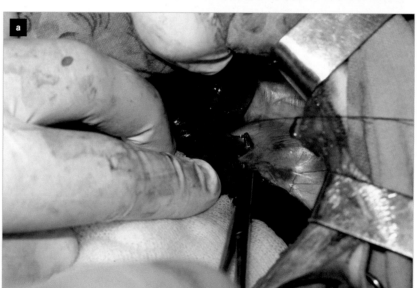

图3-101a　2/0单股缝合线环绕左肝静脉，部分结扎静脉。

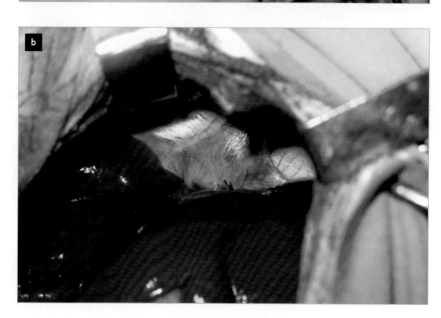

图3-101b　左肝静脉部分结扎完成。

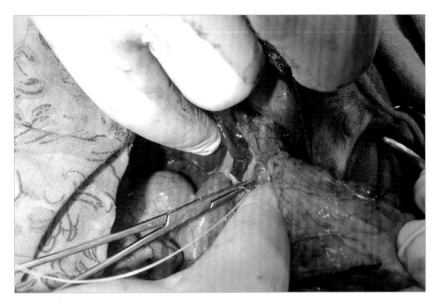

后腔静脉的部分结扎

对后腔静脉进行相同的操作，达到与左肝静脉部分结扎所承受的组织耐受性相等的效果（图3-102至图3-104）。

> 使用Rummel止血带是一种简单、安全的短暂封闭血管的方法

图3-102 对后腔静脉使用Rummel止血带。

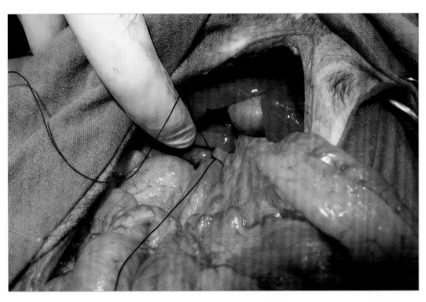

图3-103 使用2/0单股缝合线部分结扎后腔静脉。

虽然后腔静脉的部分结扎是一个具有争议的手术技术，但是对这个病例的情况是可行的。因为患犬临床症状非常严重，除了安乐死没有其他治疗的可能性。

> * 在开腹探查期间，患犬使用了第2袋新鲜冷藏血浆。

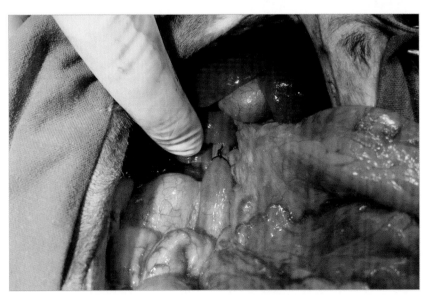

图3-104 部分结扎后腔静脉。

　　使用断头法对肝脏组织进行活检采样，根据
标准操作闭合腹腔（图3-105）。

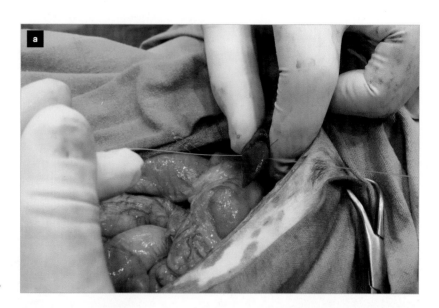

图3-105　方叶的组织活检。

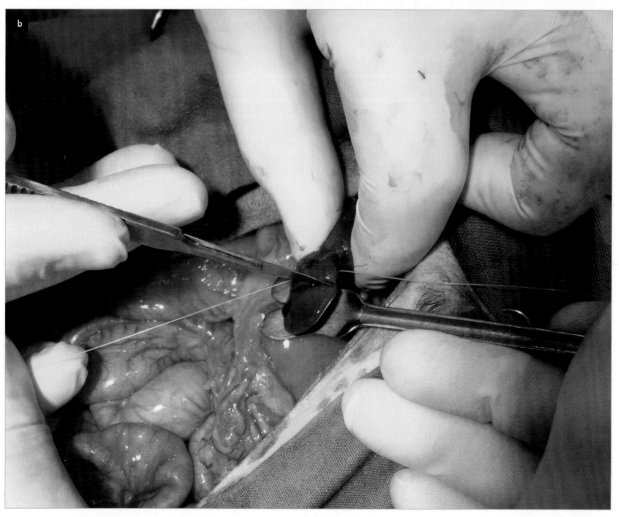

进展

患犬术后恢复期间在重症监护室密切监测，需要输注更多新鲜冷藏血浆直到状态稳定。

术后前3d，出现沉郁和呕吐，腹腔有些积液（腹水），但是几天后自主恢复了。

术后第4天，患犬基本状态改善，开始自主进食（图3-106）。每日监测白蛋白直到数值稳定，术后第7天，患犬出院。

除了低蛋白饮食和给予乳果糖，所有药物在术后两周后停止使用，3周后，患犬体重增长了1kg。

10个月大的时候进行了回访，Negrito呈现出有希望的预后：实验室数据正常，没有进一步使用药物治疗，它的发育状态有了很大的改善。

尽管患犬整体恢复良好，但是后来出现尿酸盐结石梗阻尿道，需要逆行性冲洗尿道并切开膀胱取出结石解决阻塞。

在腹部手术后6个月进行了鼻瘘的修复。

诊断

组织病理学诊断证实了门体血管异常和广泛空泡性肝病伴轻度充血。

注意事项

门体系统血管异常的诊断和治疗均存在挑战性。肝外异常通常会有更好的预后和更容易的手术解决方案。肝内异常的手术技术更为复杂，在术中和术后有很高的死亡率，而且最终结果并非总是令人满意。

多条分流的病例预后最差，而且后腔静脉部分结扎术的手术结果有好有坏。

本病例中，患犬的左肝叶中存在肝内分流和多个肝外分流。但是因为发现其右侧肝脏处于良好的状态，因此考虑如果将更多的门静脉血流转移至右侧肝脏中，患犬可以改善症状。

通过部分压迫左肝静脉，使该部分肝脏血管阻力增加，后腔静脉流量减弱，从而达到减少多条分流汇入总循环的血流量，对于肝脏的循环模式，一旦左侧肝静脉血流受阻，那么门静脉血流就会流向压力较小的路径。

尽管如此，多普勒超声检查还是可能会发现后腔静脉存在湍流，而且尿道梗阻还可能复发。

不过，术后患犬的生活质量是不错的，其体重增加了，体况评分也得到了改善（图3-107）。

> * 其中一个主要的并发症是腹水量增加。

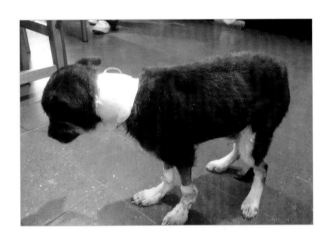

图3-106　住院4d后，患犬可以站立并正常饮食。

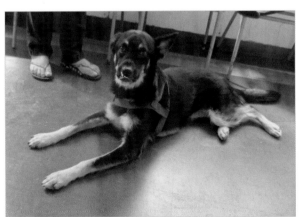

图3-107　患犬术后10个月复查的照片。

胆汁性腹膜炎伴肝外胆管破裂

临床常见度	■				
技术难度	■	■	■	■	■

病例	
名字	Sheila
物种	犬
品种	混血犬
性别	雌性、已绝育
年龄	9岁

■ 胆管造影术、胆汁性腹膜炎、十二指肠切开术。

■ 胆管（胆总管）创伤和（或）穿孔。

> 临床症状：腹痛和腹胀、呕吐、厌食、黄疸。

体格检查

一例被转诊到急诊的病例，症状为轻度腹围增大、厌食、呕吐和触诊疼痛。

据其主人说，10d前，Sheila在过马路时出了车祸，当时进行了胸部X线片未发现任何异常。整体的评估（包括膀胱）都未见异常。患犬接受了持续几天的监测和镇痛。

到达医院后，对患犬进行导尿和输液，同时给予麻醉镇痛药和阿莫西林+舒巴坦。

根据标准技术进行腹腔穿刺，抽取大量黄色腹腔积液（图3-108），怀疑液体是胆汁，将腹腔液送化验室进一步分析。同时进行了全面的血液检查和腹部超声检查。

化验结果显示白细胞增高，血细胞比容（PCV）为29%（正常值为36%～55%），肝酶和血清尿素氮（BUN）显著升高，肌酐值和凝血时间在正常范围内。

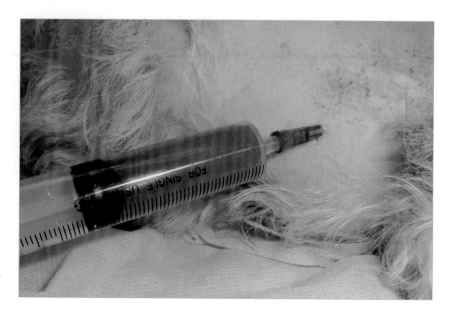

图3-108　腹腔穿刺，疑为胆汁性渗出液。

腹腔穿刺的积液化验结果显示胆红素值高于全身胆红素值。腹部超声检查显示腹内有大量游离液体，有腹膜反应且胆囊减小。

Sheila住院，继续输液治疗，准备进行开腹探查手术。

手术准备

患犬仰卧保定，按照标准方案（大范围剃毛、3次洗必泰皂液刷洗，最后喷上洗必泰溶液消毒）对患犬进行手术前准备（图3-109）。

> * 肝外胆管受伤导致胆汁成滴状漏出，通常会造成慢性或亚急性的腹膜炎。可能需要几天才能观察到症状，除非涉及胆囊破裂。

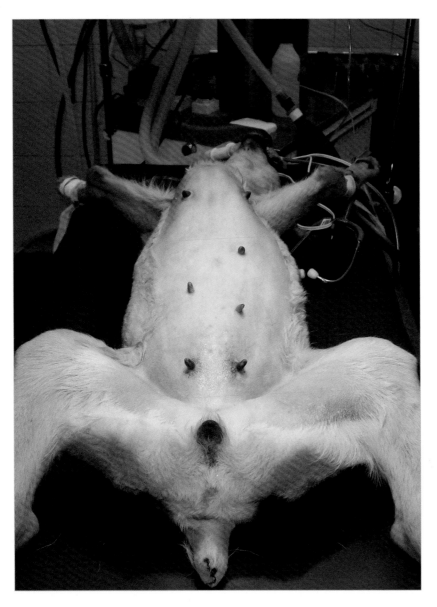

图3-109 患犬仰卧保定。

手术技术

剑状软骨至耻骨沿腹中线开腹（图3-110），放置湿润的腹部垫后使用腹部开张器。

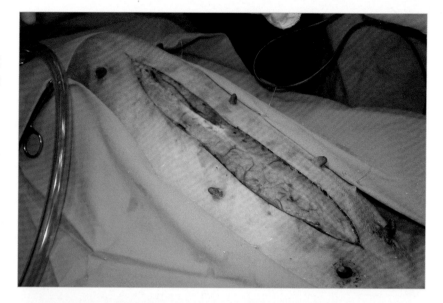

图3-110　沿腹白线切开，开腹探查。

沿腹白线切开腹腔后，抽出腹腔积液并采样送至化验室检验，液体看起来与胆汁相似（图3-111）。

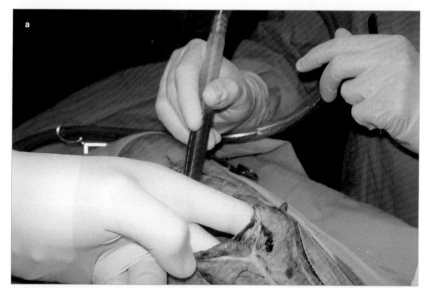

图3-111a　抽吸腹腔积液。

图3-111b　抽吸出的胆汁性积液，是黄色或铜色液体。

抽吸完成后，开始腹腔探查，所有腹膜表面、腔壁、内脏器官均呈淡黄色（图3-112和图3-113）。

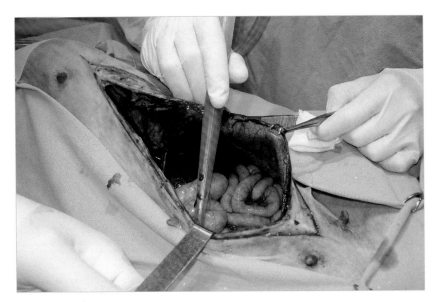

图3-112 腹膜表面变成黄色。

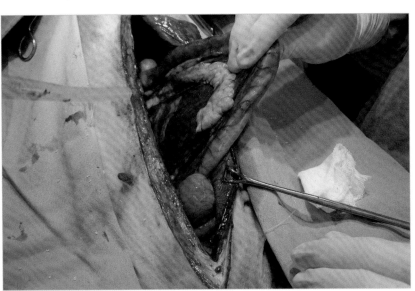

图3-113 胆汁腹膜炎。

对肝脏和胆管彻底检查后，发现右肝管和总胆管之间的夹角处存在损伤。

其余腹部脏器未见其他改变。放置温湿的腹部垫后使用Balfour腹部开张器通过导管检查胆管通畅性，发现胆管破裂（图3-114）。

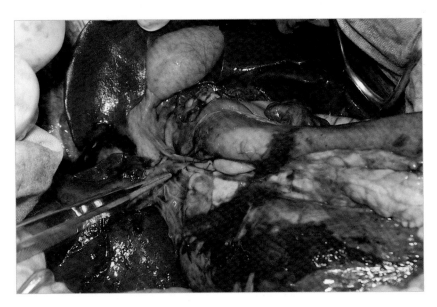

图3-114 指示破裂位置，肝外胆管破裂的位置位于右肝管和总胆管夹角处。

为了修复受影响的胆道，将导管通过十二指肠切口进入肠腔（图3-115至图3-118）。

> 肝脏产生的胆汁经过左肝管和右肝管连接的肝胆管流出，然后肝胆管连接至胆囊管和胆总管。

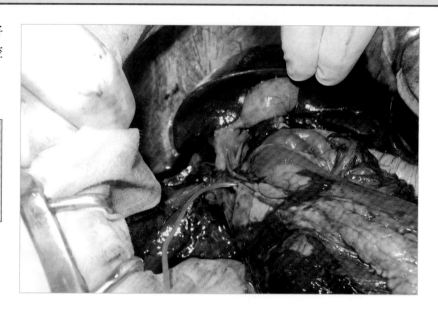

图3-115　导管进入右肝管和胆总管。

图3-116　检查胆管通畅性。

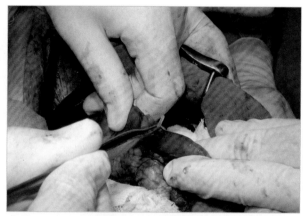

图3-117　十二指肠内的导管尖端。

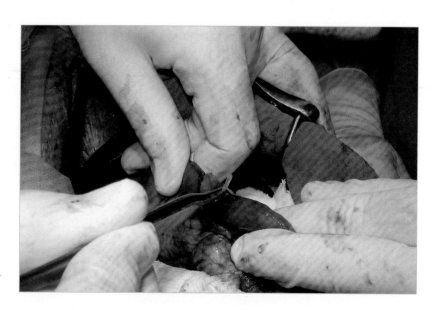

图3-118　切开十二指肠，导管进入肠腔。

　　冲洗导管后将其留在胆管内。使用5/0单股可吸收线，结节缝合胆管。继续使用5/0缝线将导管缝合至肠道端黏膜上，使用单个松散缝合固定。最后使用4/0可吸收线结节缝合十二指肠（图3-119至图3-121）。

　　再次进行腹腔探查并彻底灌洗腹腔，采集样品进行细菌培养和药敏试验，常规闭合腹腔。患犬送入重症监护室。

> 导管作为支架使用，防止胆汁接触缝合位置及缝线，还能起到引流的作用。

图3-119 缝合胆管，十二指肠仍开放。

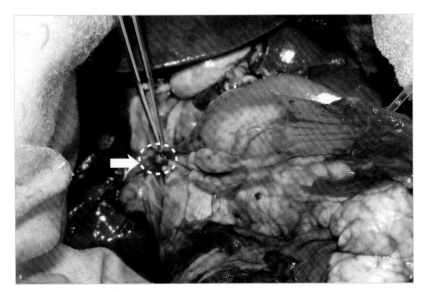

＊ 使用单个松散的结节缝合固定导管的缝线将在几天后松开，并通过消化系统排出，失去固定的导管通过胆管蠕动而被送入肠腔。

图3-120 缝合胆管（箭头）的细节。

注意事项

　　患犬住院持续监测，维持输液和抗生素治疗，以及疼痛控制。术后恢复尚可，Sheila在术后24h恢复进食和饮水。

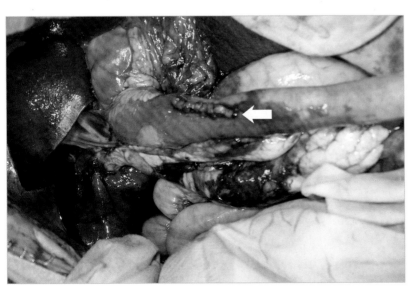

图3-121 胆管缝合和十二指肠缝合（箭头）。

胆囊黏液囊肿

临床常见度	■	■	□	□	□
技术难度	■	■	□	■	□

病例	
名字	Tim
物种	犬
品种	喜乐蒂牧羊犬
性别	雄性、未去势
年龄	10岁

■ 外科手术摘除胆囊（胆囊切除术）。

> 临床症状：全身无力、黄疸、频繁呕吐、多尿烦渴。

体格检查

病患有厌食和呕吐史。在体格检查中，Tim表现为发热和前腹部疼痛，眼结膜和口腔黏膜显著黄疸（图3-122）。

血液分析显示轻度再生性贫血，中性粒细胞增多，碱性磷酸酶（ALP）、总胆红素、丙氨酸氨基转氨酶（ALT）和谷酰胺转肽酶（GGT）增多。

超声检查最终诊断为胆道黏液囊肿，提示胆囊扩张，可见不可移动的高回声物质，并有经典的条纹形状（也称"猕猴桃"征）（图3-123）。

20世纪90年代末以前，可能由于缺乏较好的知识和辅助诊断工具，黏液囊肿被认为是一种罕见的医学现象。目前认为黏液囊肿是由胆汁淤积逐渐发展而来的。这导致胆囊动力下降、胆汁淤滞、水吸收增加，而淤积变得越来越坚实。手术切除胆囊是唯一的根治方法。

> 诊断为胆道黏液囊肿的病患必须尽快摘除胆囊以避免其破裂及继发的胆汁性腹膜炎。

手术准备

术野按照开腹探查的标准进行准备：大范围剃毛，动物置于手术台后用洗必泰皂液擦洗，洗必泰溶液充分喷淋以彻底消毒。

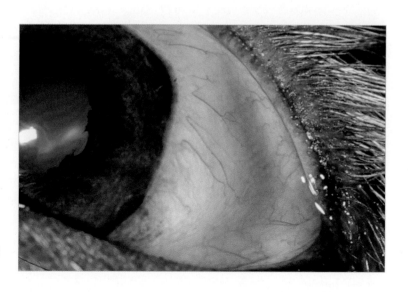

图3-122　如这个病例所示，黄疸为示病症状。巩膜处可明显看出颜色变化。

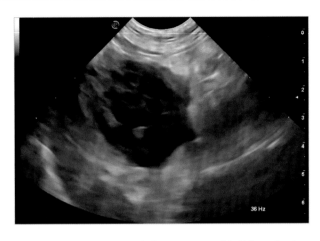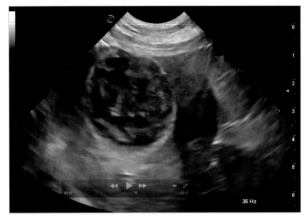

图3-123 胆囊黏液囊肿横切面。可见"条纹"图像（不可移动的星形）（图片来自Pablo Gómez Ochoa）。

手术技术

沿着剑突到脐部切开腹部，结合平行肋弓切口，暴露右侧肝脏和胆囊。用无菌、湿润的腹腔纱布垫在横膈膜和肝脏间以进一步暴露胆囊（图3-124）。

在去除器官前，取其内容物样本用于需氧菌和厌氧菌培养（图3-125）。

取样本时，用两根缝线协助固定胆囊。先穿刺抽吸黏液囊肿，之后再将其摘除。吸出少量粗内容物以减轻内部压力，此后将胆囊从肝实质分离时变得容易（图3-126）。

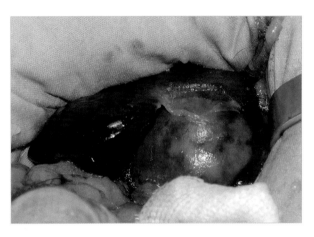

图3-124 使用湿润的腹腔纱布或粗面毛巾隔离，将其放置于肝脏和横膈之间，以充分暴露胆囊。

❋ 一旦胆囊被刺破或切开时，医师手边要有吸引器来吸走溢出的液体，这一点很重要。因为这样可以降低胆汁污染腹膜的可能性。

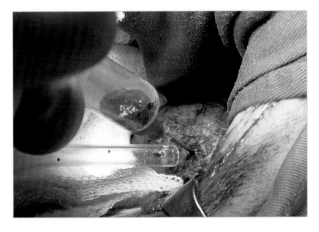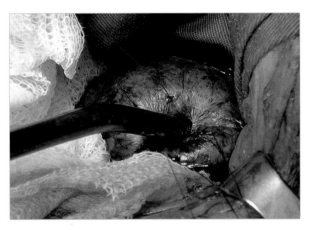

图3-125 在手术开始前应收集胆囊黏液囊肿样本。能够帮助确定细菌感染的种类和抗生素药物敏感情况。

图3-126 黏液囊肿内容物黏稠且浓缩。手术前应吸取少量内容物，以降低胆囊壁压力，便于与肝脏分离。

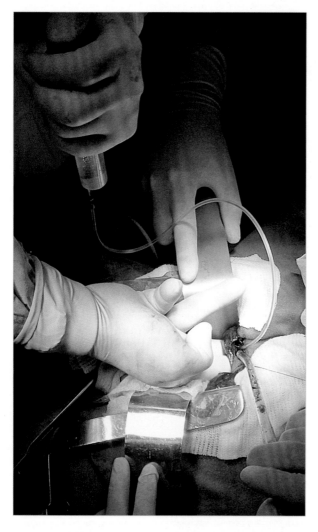

图3-127 检查胆道通畅性：缓慢滴入的液体能无阻力进入十二指肠即可。

病患常混合胆汁感染。胆囊中最常见的分离的细菌是大肠杆菌+肠杆菌和肠球菌+梭状芽孢杆菌。

在胆囊剥离之前，必须检查胆总管的通畅性。从手术开口引入一根导管，引入胆囊。用手指轻轻按压导管，注入生理盐水，检测其进入小肠的情况（图3-127）。胆囊切除术从位于胆囊和肝脏之间的浆膜折转处的一个小切口开始。为了避免胆道内容物的外溢，我们使用小夹钳来闭合胆囊底部的初始切口（图3-128）。

通过此视野，钝性分离胆囊与肝实质。在解剖过程中，用双极凝血钳对肝脏连接到胆囊的小血管止血（图3-129）。

使用无菌棉签钝性剥离胆囊，水分离法也可用于分离胆囊和肝实质。

轻轻地将肝脏和胆囊分离出一个干净的楔形平面，并继续延伸至胆管。用两个直角弯止血钳夹住胆管和血管。导管和血管之间切开（图3-130）。

接下来，用贯穿缝合结扎胆管及血管。为了安全起见，附加两条结扎，以防止胆汁泄漏（图3-131）。结扎线应部分重合以加强闭合作用，防止潜在的胆道泄漏。

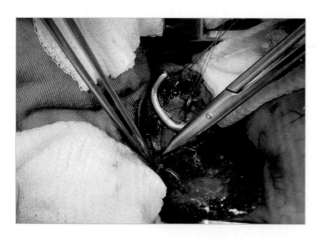

图3-128 夹紧胆囊可暴露腹侧的浆膜面。

图3-129 胆囊由肝脏方叶包裹。止血不够细致时，分离肝脏时可能会导致小血管出血，并造成术野不清晰。

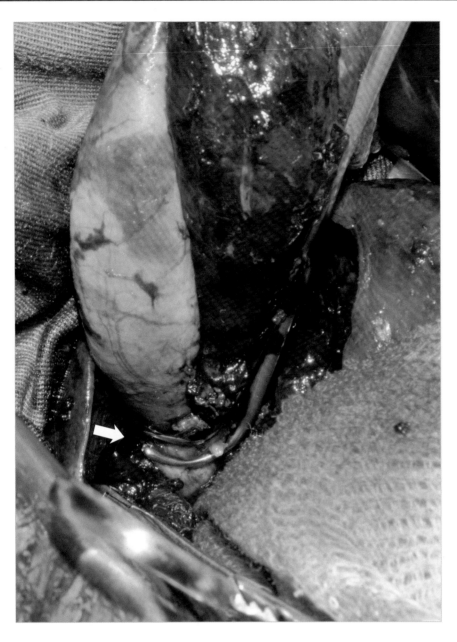

图3-130　无创（钝性）分离胆囊后，使用两个直角弯止血钳夹住胆管和血管。箭头所指的止血钳中间的位置即最终切除分离的位置。

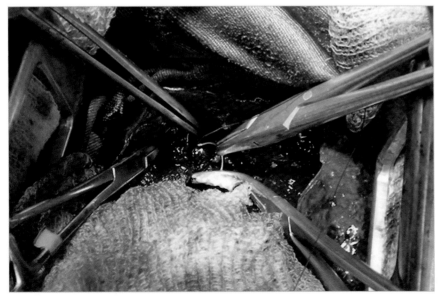

其他结扎胆管和血管的方法：

■ 使用米勒结整体结扎。

■ 血管夹（在这种情形下，应尽可能分别结扎胆管及血管）。

图3-131　第二个贯穿结扎，与第一个结扎点相对。两个结扎点必须部分重叠，以确定完全结扎闭合胆管，防止胆汁泄漏。

检查肝脏表面切口出血情况后（图3-132），与其他腹腔手术一样，进行腹腔全面灌洗并抽吸液体（图3-133）。这样可以尽可能减少腹腔中残留的胆汁，降低引起化学性腹膜炎的可能性。

图3-132　完成胆囊切除术后一定要检查腹腔出血情况。若发现出血，使用双极电凝组织钳止血。

使用常规方法闭合腹腔。动物需要住院观察术后恢复情况。术后可以使用广谱抗生素和止疼药物，以及输液疗法相结合。

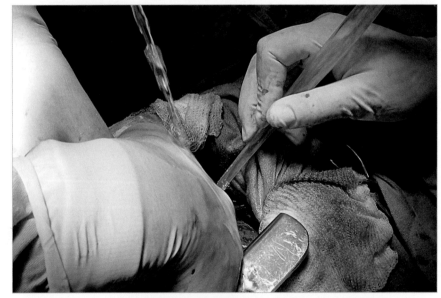

图3-133　在闭合腹腔前，对腹腔全面灌洗并抽吸液体。闭合腹腔时可使用温热生理盐水帮助患犬复温。

诊断

组织病理学分析提示胆囊黏液囊肿（图3-314）及上皮囊性增生与固有层炎症。未见细菌感染。预后尚可。

注意事项

胆囊摘除后该犬无胆汁储存器官，因此其今后的食物需要进行调整，应饲喂高纤维低脂肪日粮。

图3-134　胆囊黏液囊肿。

胆囊破裂

临床常见度	■	■	□	□	□
技术难度	■	■	■	□	□

- 胆囊切除。
- 胆汁性腹膜炎。

病例	
名字	Felipe
物种	犬
品种	伯恩山犬
性别	雄性、未去势
年龄	6岁

临床症状：嗜睡、呕吐、黄疸、腹围逐渐膨大。

体格检查

Felipe出现嗜睡和腹围逐渐膨大的症状。主诉病症已出现数天。主人于就诊3d前发现患犬呕吐，并将其送往医院进行血液检查。血液检查结果提示胆道阻塞，与患犬黄疸逐渐明显的症状相符（图3-135和图3-136）。通过腹腔穿刺采集腹腔液，性质类似胆汁，提示需要立即开腹探查。

对患犬进行体况调整后实施无菌手术。

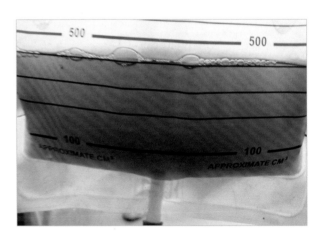

图3-135 住院期间收集胆汁性尿液样本。

术前准备

根据常规操作进行手术准备（腹部大范围剃毛、洗必泰皂液擦洗、洗必泰溶液术部喷洒消毒），仰卧保定。

图3-136 皮下组织可见腹腔穿刺部位出现黄疸。

手术技术

沿腹正中线切开，如开腹探查手术要求，切口前至剑状软骨后至耻骨前缘。

在探查腹腔之前，需要将腹腔内游离液体移除。对该病例使用Yankauer抽吸器头（图3-137）。液体完全移除后，可进行开腹探查。

在右侧腹下部找到胆囊穿孔后留下的疏松的胆囊黏液囊肿病灶（图3-139）。

从腹腔中共移除5L胆汁性液体（图3-140）。

> 推荐使用普尔氏抽吸器（Poole suction tip，图3-138）移除腹腔液体，因为它能够防止误吸入软组织和内脏。

> * 通常，胆汁性腹膜炎早期不会出现临床症状。

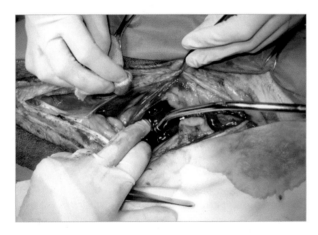

图3-137　使用Yankauer抽吸器抽吸腹腔游离液体。

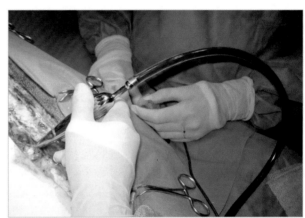

图3-138　这种手术通常推荐普尔氏抽吸器。

图3-139a　可在右侧腹下部找到疏松黏液囊肿样本。

图3-139b　囊肿约20cm长。

由于胆囊持续存在坏死（图3-141），需要摘除胆囊并同时检查胆管是否通畅。

因此，需要使用水分离法和棉签钝性分离胆囊与肝叶（图3-142）。操作胆囊时需要使用牵引线悬吊胆囊（图3-143）。

图3-140 从病患腹腔中抽出的液体。

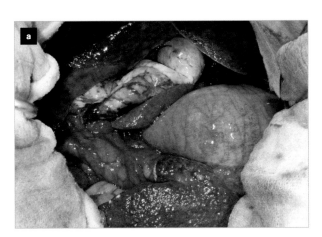

图3-141a 胆囊由于坏死而颜色变绿。

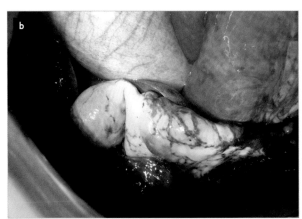

图3-141b 胆囊特写镜头。

图3-142 从肝叶上剥离胆囊。

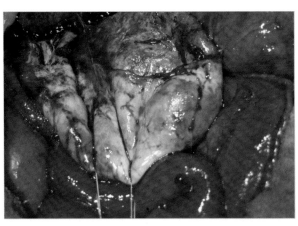

图3-143 必须放置牵引线以方便对胆囊进行操作。

当胆囊与肝叶完全分离后，需要准备在胆囊与胆管连接处双重环形结扎。经胆囊放入导管，评估胆管的通畅性（图3-144）。该操作显示胆管未闭，在之前放置的结扎线和组织钳之间切断胆囊管，胆囊被移除（图3-145）。

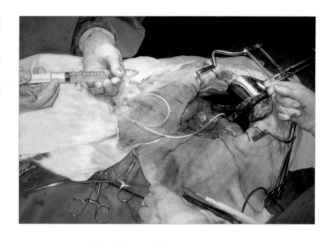

图3-144　检查胆管是否通畅。

＊　如果不能进行此操作（出现梗阻），则需要进行十二指肠切开术，经肠道将导管逆向插入胆管中（十二指肠大乳头）。

图3-145a　结扎胆囊管，切除前夹紧胆囊。

图3-145b　切开结扎线和组织钳之间的胆囊管。

图3-145c　胆囊管双结扎后的胆囊残余部分。

闭合腹腔之前，需要用大量温生理盐水（200mL/kg）冲洗腹腔，之后再抽吸出液体（图3-146）。

 需要确保另一只手在腹腔中，防止误吸健康软组织。

需要采样进行细菌培养和药敏试验。胆囊壁需要送检进行病理组织学检查（图3-147）。

切记败血性腹膜炎比无菌性腹膜炎的死亡率高。

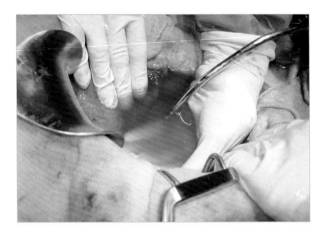

图3-146 用大量生理盐水冲洗腹腔。

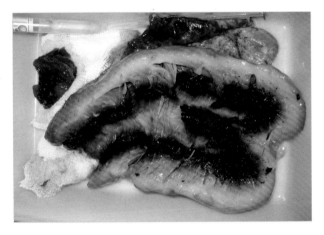

图3-147 切开胆囊，胆囊壁呈典型的"猕猴桃"样。

注意事项

对这类病例强烈推荐放置空肠饲管，并使用弹力绷带在外层包扎保护饲管（图3-148）。

患犬进行住院治疗，继续使用液体疗法和抗生素疗法。术后给予少量食物，18h后开始进食。术后一周Felipe出院，恢复良好。

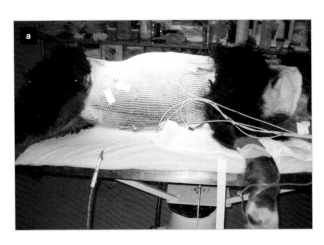

图3-148a 术后照。

图3-148b 使用弹力绷带在外层包扎以保护饲管。

胆结石

| 临床常见度 | ■ | ■ | □ | □ | □ |
| 技术难度 | ■ | ■ | ■ | □ | |

病例	
名字	Joana
物种	犬
品种	混血犬
性别	雌性
年龄	10岁

- 胆囊切开和胆囊切除。
- 胆结石和胆管肝炎。

临床症状：腹痛、呕吐、厌食、嗜睡和黄疸。

体格检查

病患过去两周出现间歇性呕吐。近期呕吐频率有所增加。触诊发现腹部疼痛，主要为前腹部。近3d可观察到轻度黄疸和厌食。需要做血液检查和腹部超声检查。

血液学分析提示：

- 血清碱性磷酸酶（SAP或ALP）升高，为5000IU/L(参考范围：20～350IU/L)。
- ALP活性增加（参考范围：10～150IU/L）。
- 胆红素增加。
- 白细胞增多。
- 血细胞比容30%。
- 肝酶中度增加。
- 血液尿素氮和肌酐数值在参考范围内。
- 凝血指标正常。

ALP活性增加对犬肝病具有较高的敏感性（86%），但特异性不高（49%），因为大量非肝脏疾病和药物均可导致该酶产生。

腹部超声提示胆囊扩张，大量胆泥淤积，可见胆结石和肝内胆管扩张。肝脏超声结果提示可能存在代谢性或浸润性疾病。

胆泥是胆固醇结晶、胆色素、胆盐和黏蛋白的混合物。有时胆囊出现病变时可发现，但也可在健康老年犬中观察到。

犬住院进行液体治疗，并给予抗生素和镇痛药（NSAIDs）。拟进行开腹探查术。

※ 可能有时难以区分胆泥淤积和胆囊黏液囊肿。在超声上，胆泥淤积时内容物可移动，而胆囊黏液囊肿不可移动，因此称为"猕猴桃"征。使用利胆药物可促进胆囊收缩，有助于区分二者。

手术准备

根据标准方法进行术部准备。对病患腹部剃毛，用洗必泰皂液擦洗，用洗必泰溶液喷洒消毒。

手术技术

做腹正中线切口，一旦打开腹腔，使用隔离海绵置于创口边缘保持其湿润。使用Balfour腹部牵开器（图3-149）。

对这个病例推荐进行全面腹腔探查，检查是否同时存在其他问题并及时解决。

为保证处理好病变胆囊，可以选择胆囊切除术。为确保手术顺利，应使用胆囊牵引线，并使用湿润隔离海绵包围在组织周围，防止胆囊的任何溢出物进入腹腔（图3-150）。

> ❋ 胆囊切除术的优点是不会出现复发或者胆囊破裂。

> ❋ 胆囊切开术有助于排除胆囊内容物，但是可能会有器官感染的风险，且切开区域的胆囊壁可能较为薄弱，可能造成潜在问题。

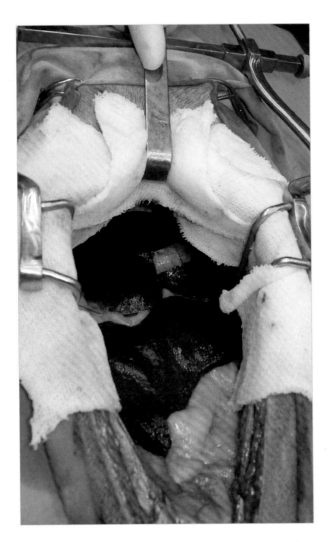

图3-149 使用Balfour牵开器打开腹腔，将湿润纱布置于创口边缘。

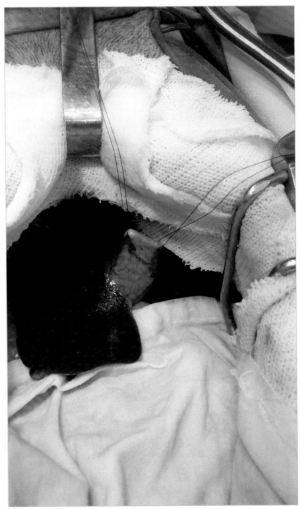

图3-150 牵引线有助于降低对胆囊操作时造成的组织损伤。

使用棉棒钝性分离胆囊与方叶之间的连接（图3-151）。

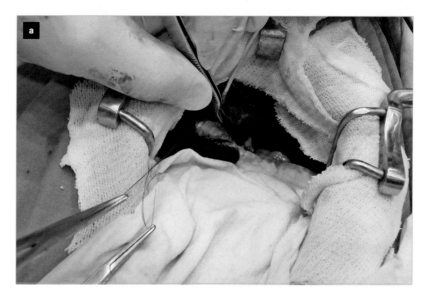

图3-151a 用棉签钝性分离胆囊。

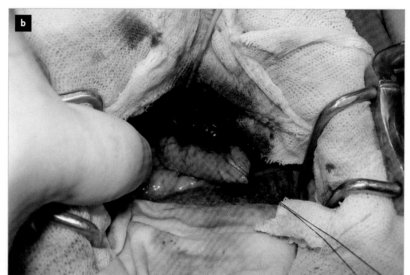

图3-151b 使用牵引线可以对胆囊施加轻柔的拉力。

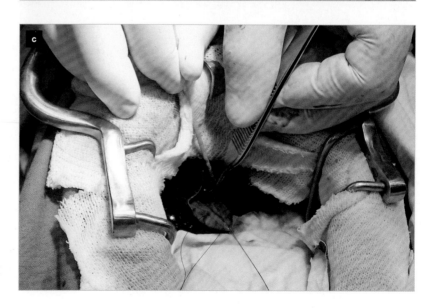

图3-151c 胆囊已几乎完全与肝脏分离。

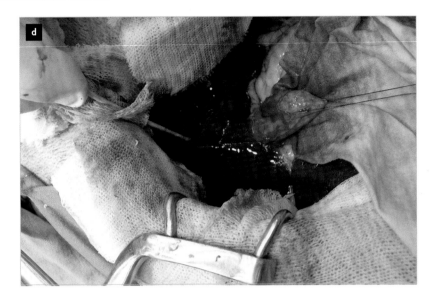

若胆囊扩张，部分或完全清空胆囊后更容易对其操作。胆囊内容物可能非常浓缩，有时难以吸出。若需要，可以采集样本进行细菌培养和药敏试验。

图3-151d 胆囊牵引线协助操作。

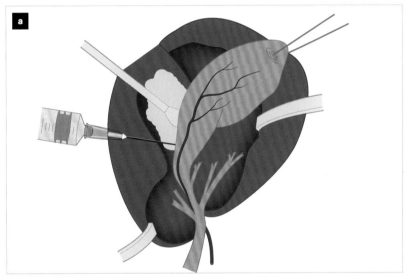

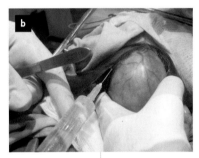

图3-152 （a）水分离图示；（b）正压细水流能够使外科医生无损伤分离胆囊。

胆囊通过水分离法与肝脏分开（图3-152），使用直角钳（图3-153）或只用手指将其从正常位置分离出来（图3-154）。

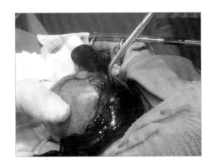

图3-153 用直角钳剥离胆囊。

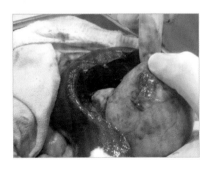

图3-154 用手指对胆囊进行钝性剥离。

水分离的目的是在胆囊与肝脏之间注射生理盐水，产生分离面，术者即可使用棉签或其他方法钝性分离胆囊与肝实质。其他方式较容易造成的泄漏可通过这种形式避免。

最后，将胆囊与肝叶完全分离，并检查胆管。发现左右肝胆管有中度扩张，同时在胆囊管也发现一处中度扩张（图3-155）。

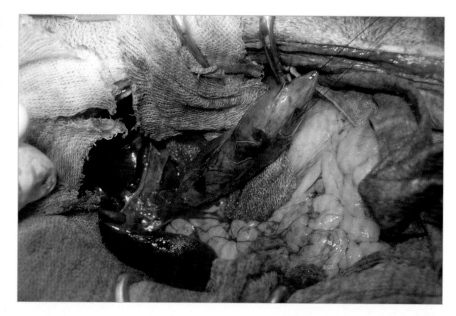

图3-155　胆囊分离后发现肝胆管中度扩张。

在靠近胆囊的一端结扎胆囊管和胆囊血管，用直角钳夹住胆管侧（图3-156和图3-157）。

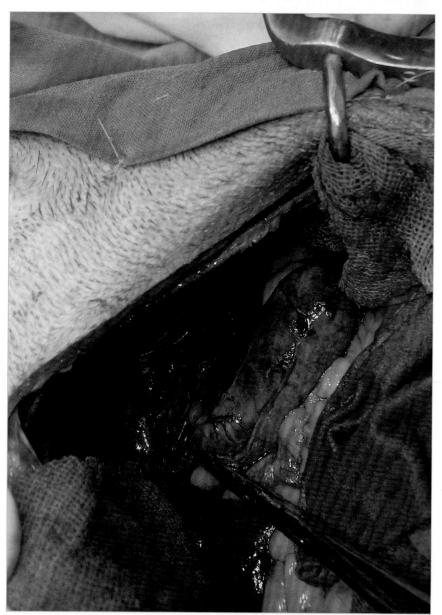

图3-156　胆管远端的直角钳。

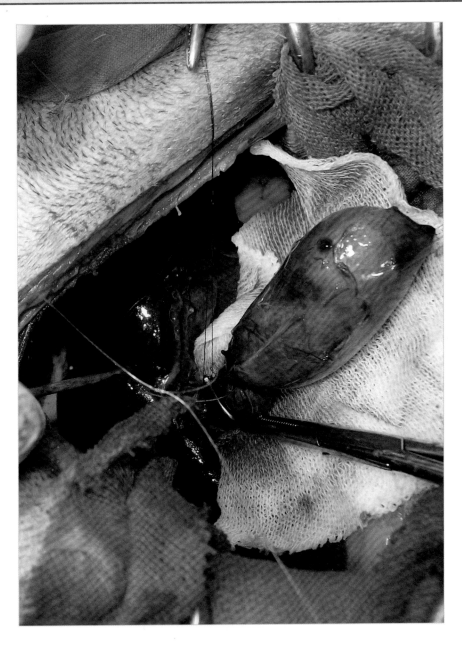

图3-157　靠近胆囊处结扎胆囊管。

在结扎处和直角钳之间切断胆囊管（图3-158）。

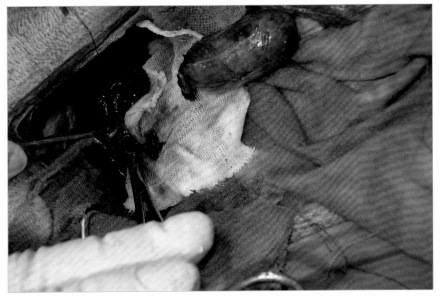

图3-158　移除胆囊。在纱布上可观察到胆汁淤积物和小的胆囊结石。

在这个过程中，评估胆管通畅性是很重要的，可通过轻轻按压胆囊来评估。对本病例完成胆囊切除术，胆囊被移除时，放置一个导管进入十二指肠以检查其通畅性，此时发现了一处胆道结石引起的梗阻。

由于结石无法被徒手推进十二指肠，随后决定进行总胆管切开术。由于管壁薄而脆弱，有可能出现破裂，因此某些情况下可能需避免此操作。在预计的切口两端用5/0单股尼龙缝线做固定（图3-159和图3-160）。随后用15号刀片切开胆管。

随后移除了两个结石。再次用导管从胆管插入十二指肠检查通畅性，并用生理盐水冲洗十二指肠。

用5/0单股尼龙缝线对切口进行简单结节缝合（图3-161至图3-163）。也可以用简单连续缝合。

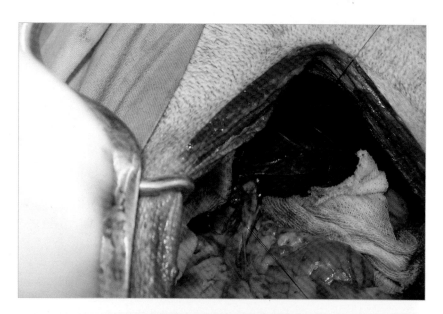

图3-159　胆管上留置缝合线。

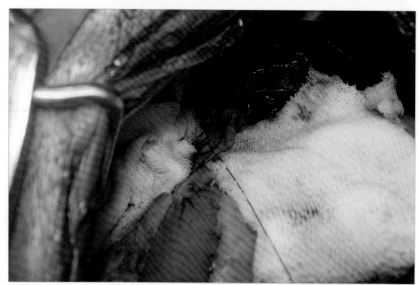

图3-160　打开的胆管。

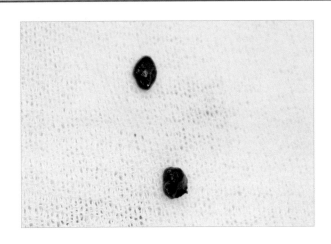

图3-161 从胆管中取出的结石。

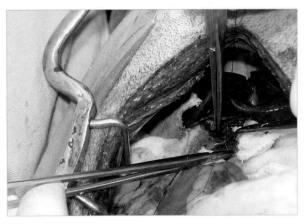

图3-162 胆管的缝合。

缝合胆管后，用8mm皮肤采样器从该区域采样，用于细菌培养和药敏试验，并进行肝脏活检。在该部位填充氧化纤维素，以防止胆汁泄漏和出血。腹腔用大量温生理盐水冲洗，按照标准方法闭合腹腔。

将肝活检样本、胆汁样本和切除的胆囊送组织病理学检查，并将胆结石做理化分析。

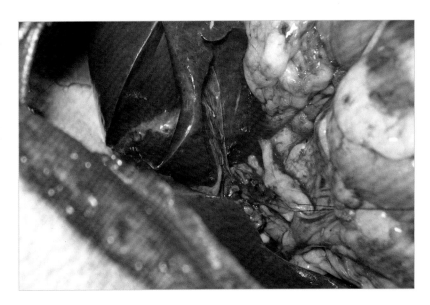

图3-163 完成缝合（仍有一处悬吊缝线未拆除）。

注意事项

从麻醉中苏醒后，患犬住院继续进行液体治疗（给予抗生素和镇痛药）。

由于黏液囊肿可能混合细菌感染，在细菌培养和药敏试验结果出来之前，先应用针对革兰氏阳性和革兰氏阴性、需氧菌和厌氧菌的抗生素治疗。

患犬的术后恢复期表现平稳。术后1.5d，它能够顺利进食和饮水。培养结果呈阴性，黄疸状况也好转。术后10d，拆除缝线。

肝脏活检和胆囊分析显示为胆管肝炎和胆酸钙结石。

此类疾病诊断为早期阶段，或由于患犬的体况而无法手术时，可以考虑药物治疗。目前，外科治疗是最好的选择，因为可能有胆管阻塞或由于胆囊破裂而引起化学性（胆汁）腹膜炎的风险。围手术期存活的病患预后良好。

盲肠肿瘤

临床常见度	■				
技术难度	■	■	■	■	

病例	
名字	Pancho
物种	犬
品种	拳师犬
性别	雄性、已去势
年龄	10岁

■ 盲肠切除术或部分结肠切除术。

■ 这些手术适用于盲肠肿瘤、扭转、创伤和（或）坏死的情况。

> 临床症状：持续呕吐、厌食、迟钝且数天未排便。

超声扫查提示存在一处涉及肠祥、可能累及盲肠的边界不清的肠道肿物。

鉴别诊断还考虑了其他的情况，如肠套叠，但是肠祥的"手风琴"征似乎更符合线性异物性梗阻的诊断。

体格检查

在转诊时，该动物最明显的临床症状是持续呕吐。最初，Pancho的呕吐物呈水样、泡沫状，但后来变成了粪便样。

该犬曾患有皮肤肥大细胞瘤（2级），在此次发病的一年前切除。从那时起没有进行过化疗。

腹部触诊时，Pancho腹部凹陷，在对腹部加压时Pancho非常敏感。腹部可以触诊到一个半管状的肿物。对Pancho进行了腹部X线片和超声扫查以辅助诊断。同时进行了消化道造影检查（图3-164）。

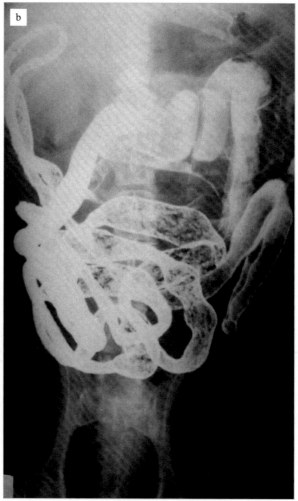

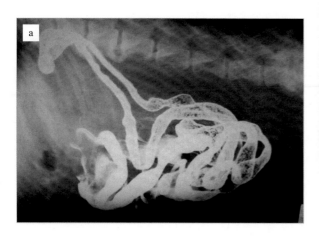

图3-164　胃肠道X线片显示盲肠内造影剂增强不良，肠祥折叠。(a) 侧位；(b) 腹背位。

＊当盲肠内翻套叠导致完全性肠梗阻时，临床症状呈急性表现：严重的腹痛、沉郁、厌食、呕吐和脱水。

一旦完成术前检查并获得结果后，稳定动物体况并进行麻醉，准备剖腹探查，给予广谱抗生素。

手术准备

对腹部进行大范围剃毛和用4%洗必泰肥皂擦洗。用1 ：10稀释的2.5%洗必泰冲洗包皮腔。

然后将患犬置于仰卧位进行手术。术前喷淋4%洗必泰溶液。

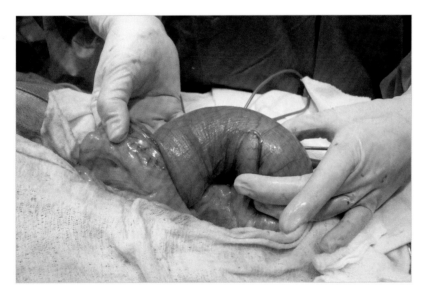

手术技术

从剑突到耻骨做腹侧中线切口，进行剖腹探查。开腹后，观察到回结肠套叠和一处增大的结肠淋巴结（图3-165和图3-166）。

取淋巴结样本并送病理分析。快速细胞学诊断疑似为先前移除的肥大细胞瘤的转移病灶。

图3-165　肠套叠。

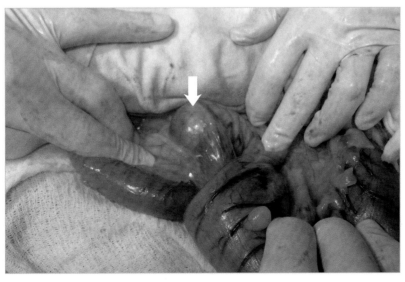

在正常情况下，盲肠全段都分布有大量的淋巴结。这些淋巴结在回肠口周围尤其丰富（即回肠开口进入盲肠或结肠的部位）。

图3-166　箭头所指为增大的结肠淋巴结。

在套叠的肠道周围放置湿润的腹腔纱布垫，然后轻轻挤压肠道，以缓解肠套叠。

在进行这一操作时，医生在肠的内套部分发现一处肿块（图3-167）。肠道复位完成时，明确可见有一肿瘤附着在盲肠上生长，且此时肠壁处于存在一定张力状态。出于安全性考虑，医生决定进行盲肠切除和部分结肠切除（仅包括肠系膜边界）以保证切除边缘洁净。

根据标准技术分离盲肠血管并进行双重结扎。由助手用手指夹住回肠和结肠。切除盲肠和部分升结肠肠系膜边界，以保持良好的安全边界（图3-168和图3-169）。

接下来，将回肠连同保留的回盲瓣一起与结肠进行吻合（图3-170）。用4/0单股可吸收缝线进行简单结节缝合，对肠道进行端对端吻合。完成后，用生理盐水进行测试，以确保缝合点无泄漏（图3-171）。

最后，采腹腔样本进行细菌培养和药敏试验。用温热的生理盐水彻底冲洗腹腔，并进行常规关腹。

> ✱ 回肠、结肠和整个消化道的张力保持层是黏膜下层，因此缝合的每一针都必须包括这一层组织。对合缝合技术（apposition technique）是保持缝线部位血液供应的最佳方法。

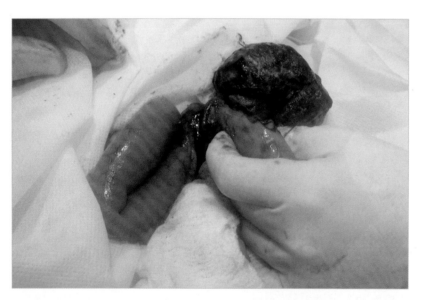

图3-167　盲肠肿物。

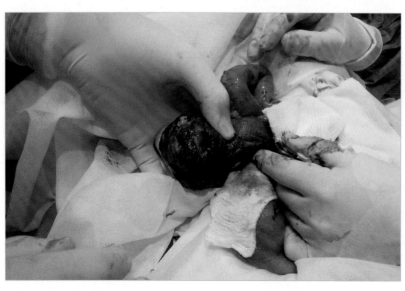

图3-168　需要切除的盲肠结肠区域。

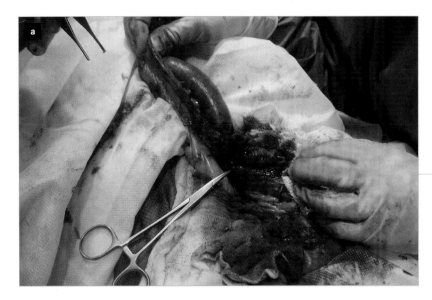

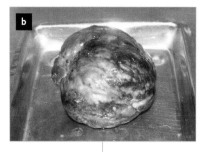

图3-169 （a）切除完成。缺损部分为盲肠的肿物附着部位以及结肠的肠系膜对侧。（b）切除的肿瘤。

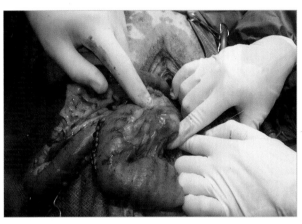

图3-170 缝合完成。

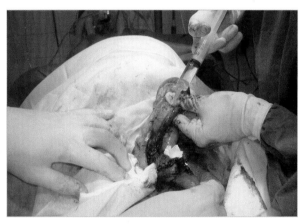

图3-171 注水检漏试验。

进展

手术完成后，患犬被转移到重症监护室，苏醒顺利。继续进行输液治疗，以氨苄西林+舒巴坦和甲硝唑为基础进行抗生素治疗，直至获得细菌培养和药敏试验结果。

患犬还接受了曲马多（每8h 2mg/kg）治疗3d，及雷尼替丁（每12h 2mg/kg）。地塞米松每天0.2mg/kg，使用48h，随后改为泼尼松龙每天1mg/kg，直至获得组织病理学检查结果。

Pancho的整体病程进展良好；手术后48h，它能自行喝水且未发生呕吐。到第3天，患犬出院回家，并在门诊进行复诊。细菌培养结果为阴性，暂停使用抗生素，到术后第7天时，拆除皮肤缝线。

诊断

组织病理诊断为肥大细胞瘤3级。继续给予皮质激素和化疗药物治疗。由于肾功能不全，患犬在手术后7个月死亡。

注意事项

肠套叠和肠肿瘤并发的情况是很少见的。但是当成年患犬有肿瘤病史时，这种情况应该予以考虑，且列于鉴别诊断中。

在此病例中，患犬有皮肤肥大细胞瘤病史，并被诊断为内脏肥大细胞瘤，恶性程度较高。手术解决了肠道肿瘤，化疗方案延长了动物的生存期。如果没有进行化疗，患犬可能只能存活2～4个月。

脾扭转

临床常见度	■	■	□	□	□
技术难度	■	■	■	■	□

- 与慢性胃扭转有关。
- 需要放置空肠饲管的急性胃炎。

病例	
名字	Black
物种	犬
品种	混血犬
性别	雄性、已去势
年龄	10岁

> 临床症状：持续呕吐，脱水，腹痛。

体格检查

患犬在就诊前3周出现急性胃扩张扭转，进行了胃减压，患犬体况逐渐稳定。随后进行腹部X线片拍摄显示胃部处于正常位置，于是仅进行了减压治疗。

检查时，Black精神沉郁，厌食。可观察到存在持续性呕吐，且对支持治疗无反应。脉搏微弱，毛细血管再充盈时间（CRT）延长，同时伴有心动过速和腹部触诊时重度疼痛。

腹部X线平片显示脾扭转（图3-172）。腹部超声证实脾肿大伴有脾扭转，以及重度胃炎。血液检查显示低蛋白血症和低白蛋白血症。基

于这些发现，医生决定进行开腹探查。该病例需要提前准备新鲜冷冻血浆。

手术准备

在整个腹部范围用聚维酮碘擦洗3次，最后喷聚维酮碘溶液，准备进行开腹探查。

手术技术

从剑突到耻骨做腹中线切口。进入腹腔后，观察到少量血型渗出液。将液体吸出，检查脾脏。脾脏增大，伴有脾蒂扭转，胃顺时针旋转小于

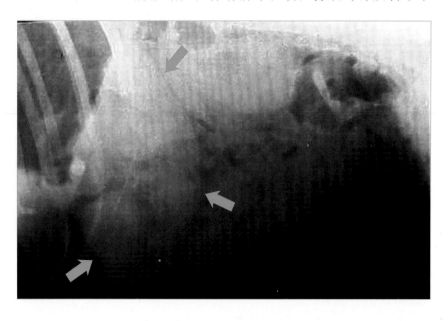

图3-172 脾扭转。

90°（图3-173和图3-174）。

首先，术者小心地还原胃的位置，然后在不将脾脏复位的情况下，常规结扎脾蒂血管（近端、中端和远端结扎），这样是为了防止再灌注损伤。胰腺左叶的位置已经提前确认，避免意外结扎到其血液供应。使用单股不可吸收尼龙缝线结扎（图3-175）。

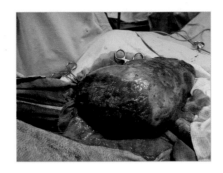

图3-173 脾肿大。

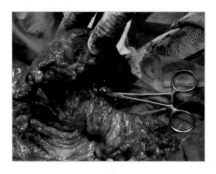

图3-174 脾蒂扭转。

在中端和近端结扎点之间切断脾蒂，留下两个结扎线，从而完成脾切除术。检查其余脾蒂是否有出血点。

下一步是进行切口胃固定术，以防止胃扭转复发（图3-176）。

由于患犬患有慢性低蛋白血症，伴有身体状况不佳和严重的继发性胃炎，术者决定放置空肠造口饲管，以确保动物在术后获得及时的营养支持。由于重度胃炎，不考虑放置胃饲管。

图3-175 对扭转的脾血管蒂进行直接结扎。

图3-176 切口胃固定术。

关腹前，用温生理盐水彻底冲洗腹腔。按照标准流程进行三层缝合。

对腹部包扎以加强对饲管的保护后，患犬被送往重症监护室进行护理。继续进行抗生素、非甾体类抗炎药和输液治疗。

如果没有出现并发症，可在术后第3天给予患犬完全量的饲喂量（表3-2）。

进展与注意事项

术后12h可开始通过饲管进行肠内饲喂。最初，给予每天25%需求量，通过缓慢滴注或恒速输注饲喂（CRI）的方式提供。

表3-2 肠内营养的时间安排（饲喂的时间可根据动物的反应和需求进行调整）

术后时间	每日需求的比例
12h	25%
48h（第2天）	50%
72h（第3天）	100%

Black的恢复状况令人满意。5d后，它可以主动饮水，手术后一周开始进食。饲管保留了10d，直到患犬能够正常进食且有较好的食欲。

由于术后恢复良好，手术后14d动物仍在住院，将其缝线拆除。Black在住院接近3周后出院。

 术后若过度饲喂可能导致腹泻。

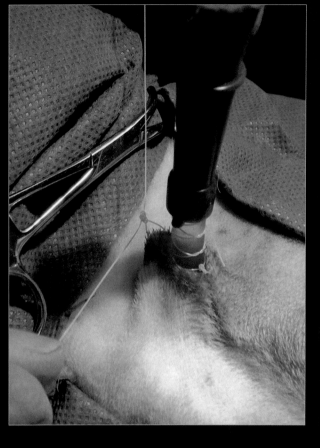
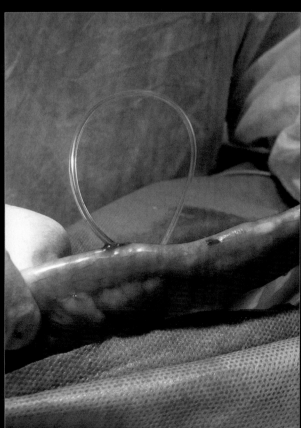

第4章 消化道疾病时所使用的技术

口腔检查

牙齿的缺失
多生牙
牙龈增生
高层综合征
先天性腭裂
犬齿齿折
舌坏死
严重乳头瘤病
异物
舌部血管瘤

食道饲管放置

空肠造口饲管放置

口腔检查

临床常见度					
技术难度					

尽管听起来可能有些重复，但口腔检查是患病动物全面体格检查中的重要步骤，无论是对于健康的患病动物还是紧急情况下的患病动物都是如此。有时，这种检查必须在重度镇静或全身麻醉下进行。

以下展示了不同的案例场景。这些图片中显示的一些病变可能会影响动物进食和饮水，有些甚至会阻塞呼吸道。

牙齿的缺失

少牙症（hypodontia）指的是缺少一颗或几颗牙齿的情况，缺牙症（oligodontia）涉及缺少多颗牙齿（超过6个），无牙症（anodontia）则是指口腔内完全没有牙齿结构。

通常该病的诊断可基于体格检查期间的视诊。缺失的牙齿必须通过牙齿X光来确认，以确定牙齿是否未萌出或阻生（图4-1）。

> ✳ 在犬发生犬瘟热感染后，可能会观察到牙齿受阻、部分萌出、缺牙症、釉质发育不良和牙本质发育不良。

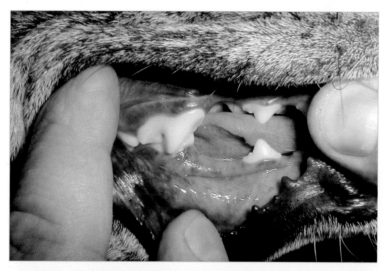

图4-1 牙齿的缺失。在这种情况下，必须进行X光检查以确认缺失。

多生牙

多生牙可以引起齿列拥挤并使患病动物易患牙周病，导致咬合不正或异常牙磨损。这种情况在犬中很常见，切牙和前臼齿尤其高发（图4-2）。

> 猫的多生牙不如犬的常见。

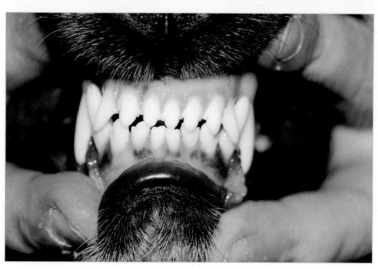

图4-2 多生牙（图片由Tom Nemetz医生提供）。

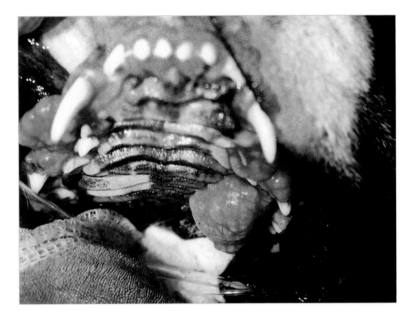

牙龈增生

增生是由于其他因素引起的非炎症性牙龈肿大，其结果是局部的细胞数量增加（图4-3）。

由于牙龈增生这一词仅指示特定的组织病理学变化，临床医生必须通过活检受影响的组织排除其他引起牙龈肿大的原因。

图4-3 准备对患病动物牙龈增生进行活检。使用皮肤打孔器可以轻松获得组织样本。采样后的出血可以通过在采样处放置氧化纤维素来控制。

高层综合征

这种综合征在大城市中更为普遍，因为高层建筑和摩天大楼随处可见。虽然犬也可能受到影响，但在猫上更为普遍，因为它们通常喜欢在狭窄的走廊和阳台栏杆上行走，或坐在窗户旁边，等等。

许多这些"飞猫"在从窗户跌落时可能会受到严重的伤害，包括严重的头部创伤、上颌骨折、下颌或上颌联合的分离（图4-4）。此外还可能出现其他损伤，如肢体骨折和气胸。

这些病例需要使用环扎线以获得良好的骨碎片复位，以及增强骨愈合。局部软组织可以使用3/0或4/0不可吸收缝合材料缝合。

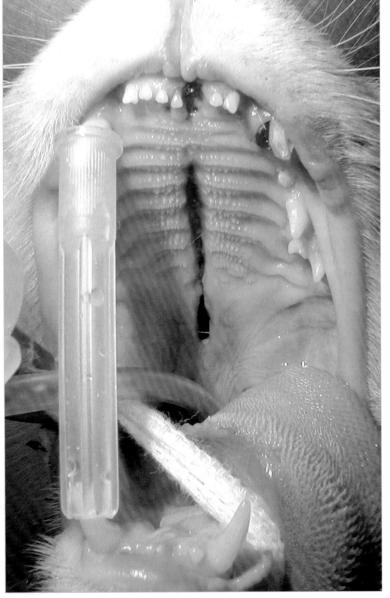

＊ 当接收从高处坠落的患病动物时，进行彻底的口腔检查非常重要。

图4-4 这只患病动物同时存在硬腭和上颌联合骨折。可以在左犬齿和左侧第二切齿的部位观察到两处损伤。

先天性腭裂

腭裂是一种先天性缺陷，指的是在胚胎发育过程中，分隔口腔和鼻腔的组织没有一起生长形成的开口。这种出生缺陷可以出现在唇部（原发性腭裂、唇裂或兔唇）或口腔顶部（继发性腭裂，见图4-5）。

患有这种问题的新生幼犬或幼猫需要特殊护理，如使用导管喂食，以防止误吸呛奶和/或造成气道阻塞。也可以放置丙烯酸假体或硅胶堵扣以预防慢性鼻炎。一旦它们在发育过程中到达某个阶段，就可以通过手术修复缺陷。

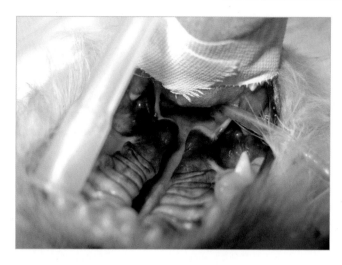

图4-5　犬继发性腭裂。注意口腔顶部的缺陷。有时缺损可能长达软腭区域。

✱　所有新生儿都应进行检查，以排除先天性腭裂。

犬齿齿折

牙齿齿折，特别是犬齿齿折，会导致根管感染及慢性疼痛，进而影响衔取食物和咀嚼（图4-6）。

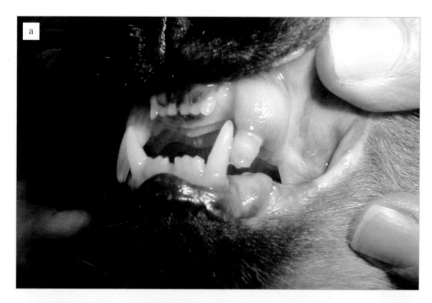

图4-6a　猫的左上犬齿齿折。

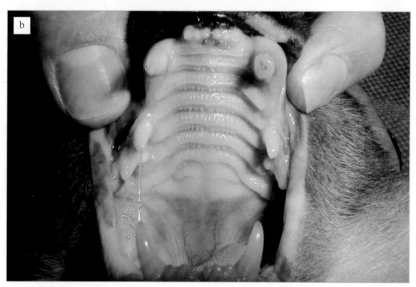

图4-6b　请注意暴露的牙髓腔。这只患病动物适合进行根管治疗。

舌坏死

舌尖坏死是一种在患有慢性肾衰竭的犬上可见的独特病变。尿毒症性血管炎和血栓形成导致口腔黏膜坏死和脱落（口腔炎、糜烂和溃疡、有臭味），发病范围可包括舌头边缘。

在严重情况下，可以观察到广泛的上皮下层纤维素坏死和局部缺血，导致舌尖剥脱。病变会造成疼痛，并导致这类动物经常出现厌食症。

在住院初期，鼻饲管喂养对于尿毒症犬只是有益的。采用食道饲管（E-tube）或胃饲管（G-tube）可以成功改善一些患犬长期厌食和身体状态不佳的问题。

图4-7为一只因为肾功能失调而出现部分舌坏死的患犬。它的血液中尿素氮和肌酐值很高。这种疾病在早期阶段就发展成舌部坏死是值得关注的。

基于病变的临床表现，初步诊断是由与肾功能不全相关的血管病变（尿毒症性血管炎）引起的舌尖坏死。

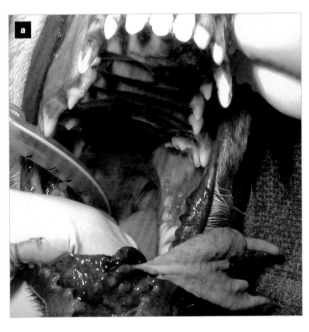

图4-7a 展示了一只患有肾功能不全的动物舌部分坏死，仅有一个非常小的蒂将其与舌头连接。

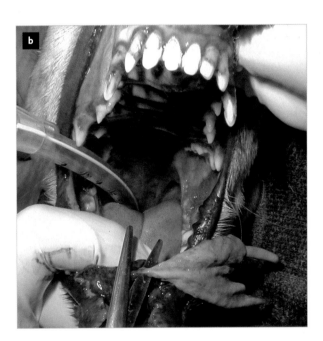

图4-7b 展示了使用梅氏剪剪掉坏死组织的过程。

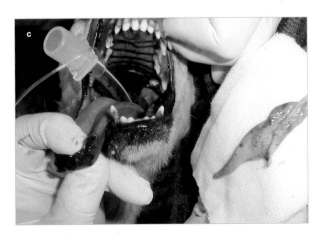

图4-7c 展示了切除后的组织和健康舌头边缘。

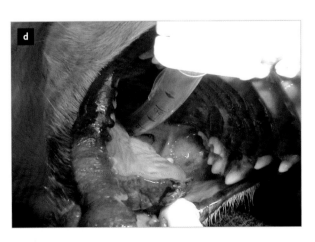

图4-7d 展示了舌头长度变短，留在口腔内的部分，手术伤口将通过二期愈合痊愈。必要时，应去除边缘坏死组织并进行缝合。

严重乳头瘤病

口腔乳头瘤通常是由犬口腔乳头瘤病毒引起的皮肤和/或黏膜的良性肿瘤。乳头瘤病毒通常影响免疫系统不成熟的幼年动物，但接受环孢素治疗的老年犬也可能受到影响。

在大多数情况下，无需治疗，因为它们通常会自行消退。偶尔情况下大量增生可能会导致动物进食困难（图4-8）。

虽然在大多数情况下它们是良性的，但这些肿瘤也可能变成恶性疾病。当发生这种情况时，乳头瘤可以通过手术切除或冷冻疗法进行治疗。

图4-9展示了一例非常严重的乳头瘤病的病例。在这个动物身上，病变持续增生，难以进行临床管理，并逐渐恶化。因为疼痛，动物无法正常进食，因此决定放置食管饲管。由于乳头瘤病灶不断腐烂并引起出血、严重感染和口臭，最终该动物被安乐死。

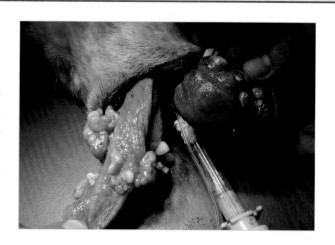

图4-8 一例严重的乳头瘤和牙龈增生病例。

异物

当宠物食入无法顺利通过消化道的异物时，就会出现异物性梗阻。这些异物可以是玩具、木棍、骨头或者绳子等。异物摄入所带来的后果，取决于摄入的时间、异物的位置（图4-10和图4-11）、阻塞的程度以及异物的材质（如铅材质可以引起严重的中毒症状）。

线性异物通常会卡在舌根或幽门处，导致肠道部分阻塞（图4-12和图4-13）。肠道蠕动会使肠道沿着线性异物朝口腔方向逐渐集合，产生典型的肠道褶皱或层叠外观。

图4-9 一只5月龄的雄性威玛犬患有严重的乳头瘤病。

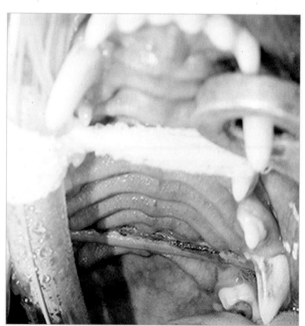

图4-10 在前齿水平嵌入腭黏膜处可以看到一支竹签。玩耍或有时饲喂的零食肋骨也会卡在同样的位置。这只动物试图通过抓挠脸部和干呕来移除异物。

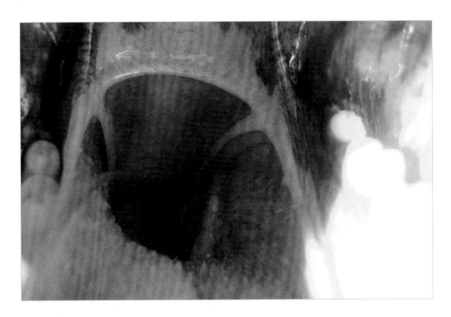

图4-11 一块塑料管被部分吞入。

图4-12a 线性异物。图中可见尼龙线被缠绕于舌基部，部分嵌入舌系带内。

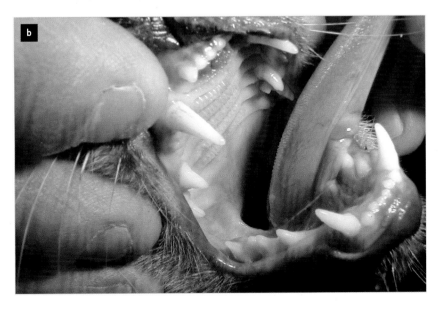

﹡当怀疑就诊的猫可能有异物的情况时，仔细检查口腔非常重要。如果在舌根处发现线绳缠绕，建议将其剪断，以释放可能引起肠部褶皱的压力。

图4-12b 该猫的另一侧观。可见尼龙线嵌入了舌系带内。

图4-13 线性异物。该病例中显示的是一根缝纫棉线，这种线的编织性质使它更加危险，因为它可以锯开肠系膜边缘并引起穿孔。

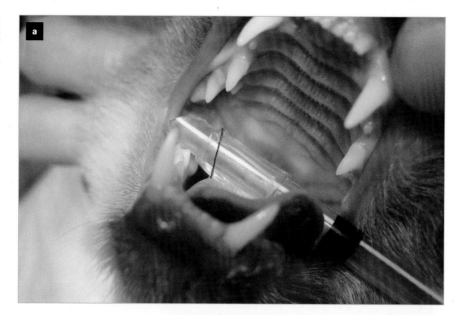

舌部血管瘤

在犬中，口咽部是恶性肿瘤的常见发生部位（占犬癌症发生率的6%～7%），但是局限于舌部的肿瘤比较罕见。在犬中最常见的肿瘤类型是血管瘤（图4-14）、血管肉瘤和横纹肌肉瘤。它们的临床表现和生物行为大部分仍然未知。

据报道，在舌背面发生的肿瘤比舌腹面的更常见（图4-15）。

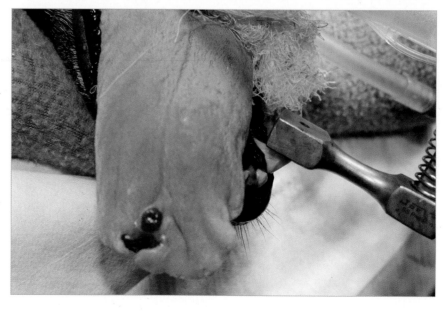

图4-14 舌部血管瘤造成的黏膜溃疡。

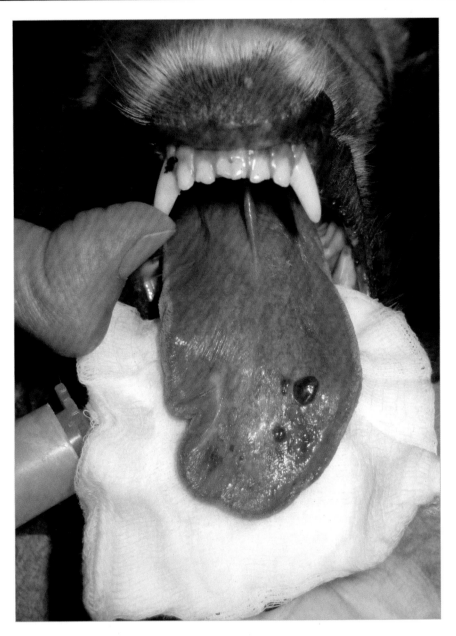

图4-15a　位于舌腹面的肿瘤。

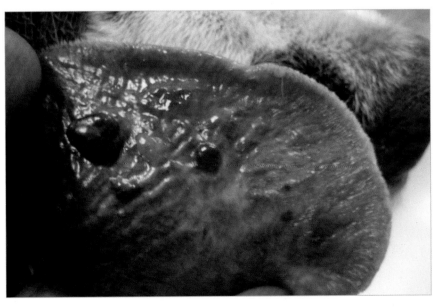

图4-15b　肿瘤的放大图。早期诊断及手术治疗（部分舌切除）使舌的大部分结构能够得以保留。

食道饲管放置

临床常见度	■	■	■	■	
技术难度	■	■			

概述

饲管饲喂是为生病和/或受伤的患病动物提供肠内喂养的有效方法，这些动物无法自主进食足够数量或种类的食物。

通常情况下，当患病动物不能通过口腔进食，或者需要绕过口腔以维持患病动物的营养状况时，才使用管饲。

食道造口术适用于下颌骨折、口腔肿瘤或口腔/头部创伤的病例，并且也可以用于必要的给药过程。

> 管饲的食物可以是日常给予的普通食物，但必须加工为半液态质地。

管道的直径应足够大，以便让糊状物质到达胃部。喂养患病动物的前后，必须用水清洗管道以防止堵塞，因此必须提前告知主人使用食道饲管的注意事项。

手术技术

食道造口术及饲管（也称为E管或O管）的放置方法如图4-16至图4-31所示。

食道造口术需要对动物进行全身麻醉和气管插管。使患病动物处于右侧卧位，手术部位为下颌角至胸腔入口尾侧，颈椎的背侧到颈部正中线的腹面，剃除该区域毛发（图4-16和图4-17）。

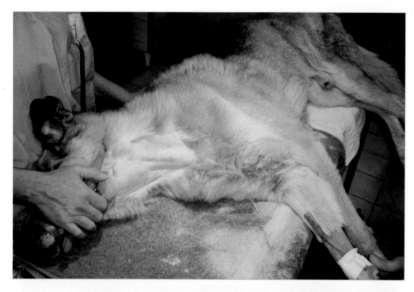

图4-16 将动物摆放为右侧卧位，颈部稍微向后仰。需要广泛剃除该区域的毛发。

根据标准技术进行无菌准备。执行此操作所需的材料详见图4-18。

> 食道造口术不会干扰动物的吞咽，因此比咽造口术更常使用。

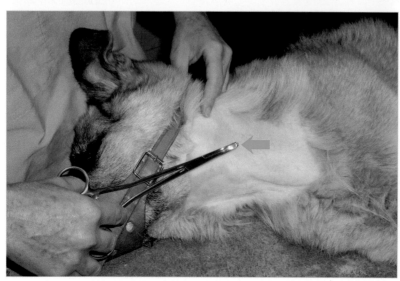

图4-17 箭头指出了插入饲管的入口（在寰椎翼的尾侧）。请注意用于此操作的长弯止血钳。

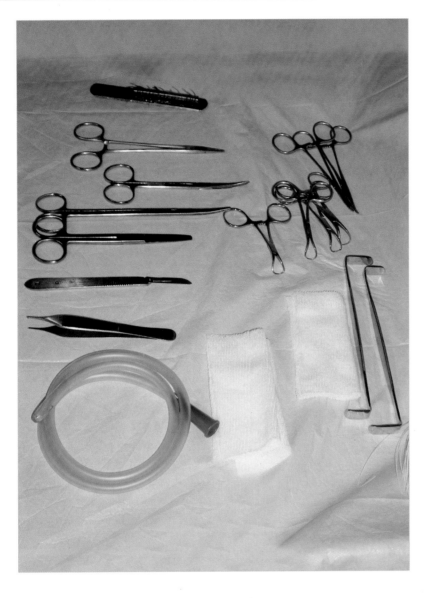

图4-18 放置饲管所需的器械及耗材（并非所有工具都在图片中显示）。

- 1/4创巾或医用纱布
- 覆盖患病动物的手术洞巾
- 食管饲管
- 齿镊和Adson镊
- 梅氏剪
- 缝合剪（如Doyen）
- 创巾钳
- Miller-Senn牵开器
- No.3刀柄
- #10刀片
- 纱布
- 饲管盖
- 10mL或20 mL的注射器
- 持针器
- 缝合材料（如2/0或3/0单股尼龙线）
- 记号笔

> 测量要插入饲管长度约为寰椎翼至第8肋间隙。将这个点在饲管上进行标记，以便在放置饲管时参考。

管径的选择应基于患病动物的体型。作为指导，可以使用14 ~ 22Fr的红色橡胶柔性硅胶管或聚氨酯管。

食道饲管可以放置在颈部的任一侧，取决于食道的接近程度，这可以在放置饲管之前评估。

长且弯曲的止血钳应通过口腔插入食道。这个操作将由一个没有穿手术服和不戴手套的助手执行（图4-19）。

图4-19 助手轻轻地插入止血钳，使它们的弯曲末端可以在颈部皮肤（箭头）上被触摸得到。该位置位于寰椎翼的尾腹侧。

使用标记笔在饲管合适部位进行标记，以备后续参考。建议使用永久性标记笔，因为在操作过程中，标记可能会被擦除。

手术区域准备妥当后，使用洞巾或创巾（图4-20）覆盖手术区域。在覆盖前，应将动物的头和颈部抬起25°～30°，以降低胃内容物向头侧溢出的可能性。可以在颈部最前端的区域放置卷起的毛巾或沙袋来达成这个目的。

必须去除饲管的尖端以消除任何盲端，而避免该处发生堵塞。

在进行任何切开之前，应识别颈静脉以避免将其损伤（图4-21）。

然后，助手将长弯止血钳通过口腔推入食道，并将其尖端向外顶起（图4-22），以便外科医生能够触摸到止血钳的头端并切开皮肤（图4-23）。

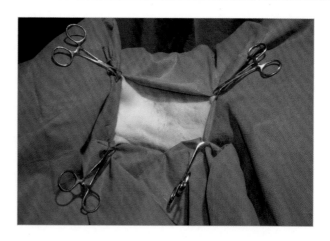

图4-20　手术区域准备妥当后，将动物用创巾覆盖（患病动物的头部在左侧）。

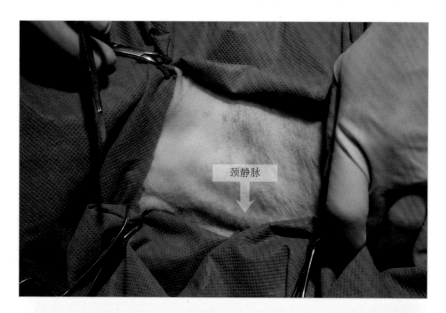

颈静脉

图4-21　通过按压胸腔入口处，可以轻松识别左侧颈静脉的位置。

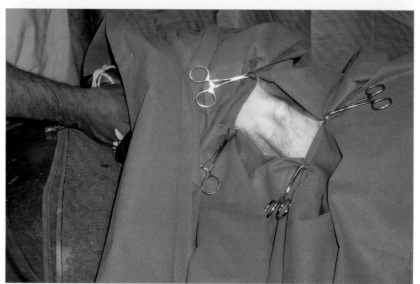

图4-22　将止血钳的尖端向上顶起，并在皮肤上形成一个隆起。

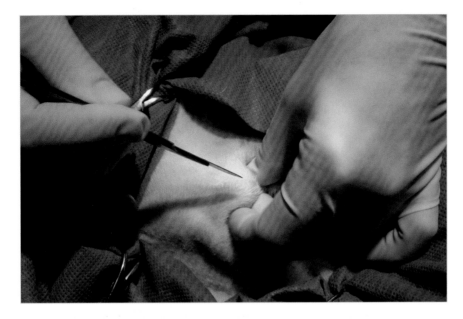

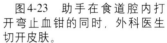

在助手以非无菌方式通过口腔插入弯止血钳的同时，外科医生应保持无菌操作。

图4-23 助手在食道腔内打开弯止血钳的同时，外科医生切开皮肤。

图4-24通过皮肤切口将弯止血钳的尖端从食道内探出。一旦食道腔暴露出来，手术就进入了污染阶段。

图4-24a 将弯止血钳的尖端外露。

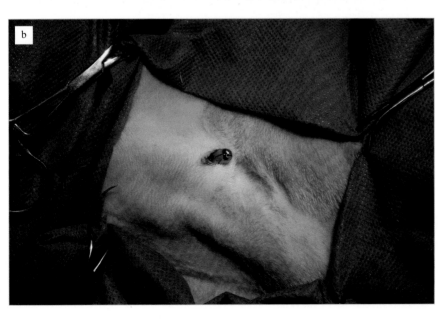

图4-24b 闭合的弯止血钳尖端穿过切口探出。

助手用止血钳将食道饲管的远端夹住（图4-25）。外科医生应以无菌方式手持食道饲管。

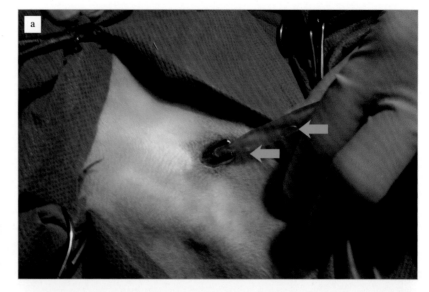

图4-25a 可以制作一些额外的侧开口（箭头），以提高饲管的效率和食物的通过率。通常不需要3个以上开孔。

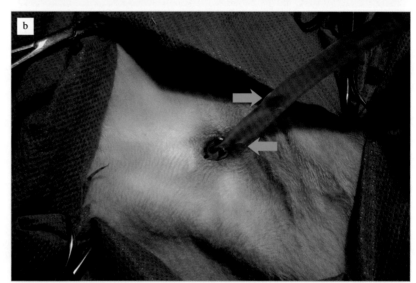

图4-25b 止血钳和饲管被缓慢地牵拉回食道。

通过撤回止血钳，饲管被拉进食道和口腔。然后应将饲管重新定向，使其从口腔内进入食道（图4-26）。必须注意不要干扰气管插管。

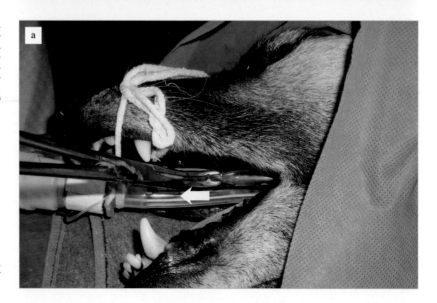

图4-26a 用止血钳缓慢地将饲管拉入口腔内。

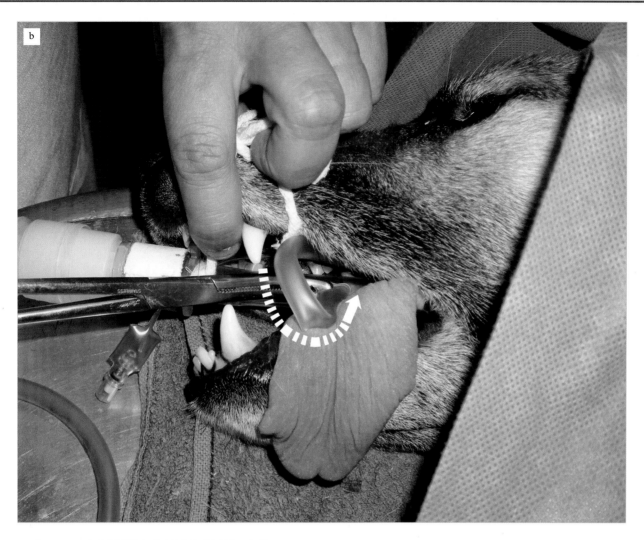

图4-26b 助手需要将饲管的远端重新插回食道。

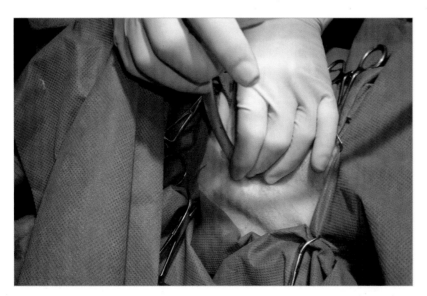

图4-27 将饲管向下插入到标记位置。

一旦饲管的尖端进入了切口内，就可以使用之前饲管上的标志作为参考，将其向下引导到适当的位置（图4-27）。

> ※ 饲管末端不应穿过贲门以下的食管括约肌，否则可能会发生胃食道返流。

另一种方法是通过夹住其远端并在口腔内重定向饲管而将其引入远端食管,其间饲管不要卷曲。这个动作可以由助手完成,外科医生通过重新定位管道尖端来帮助完成。一旦重定向完成,由外科医生轻轻地向下推动饲管(图4-28)。

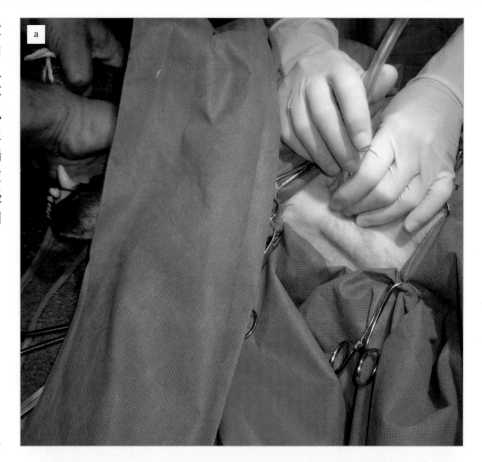

图4-28a 反向推进饲管。

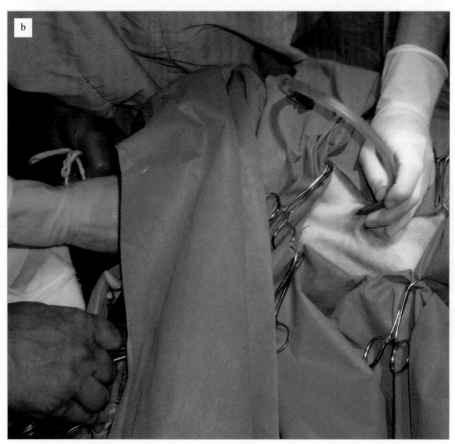

图4-28b 将饲管推进到之前测量的标记处并固定在该位置。

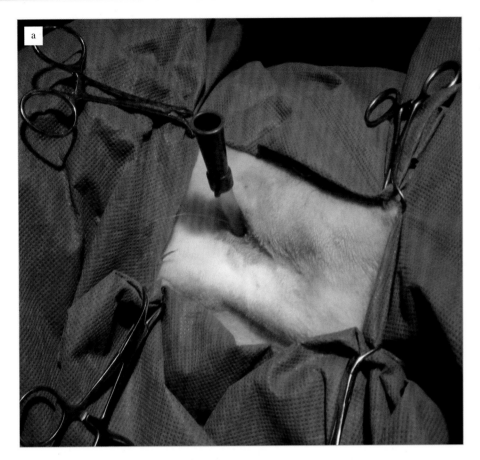

在盖上管盖之前，应使用生理盐水冲洗以测试管道的通畅性（图4-29）。

图4-29a 先测试管道的通畅性，然后用指套缝合将饲管固定在皮肤上。

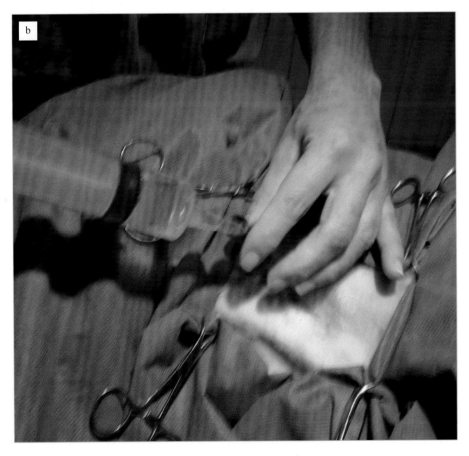

图4-29b 用生理盐水冲洗饲管。

使用指套缝合可在外力拉动饲管时紧缩缝线，从而减少动物自行移除饲管的可能性。

将饲管固定在患病动物的皮肤上，可使用不可吸收材料进行指套缝合。使用注射器针穿过皮肤以辅助穿线（图4-30和图4-31）。

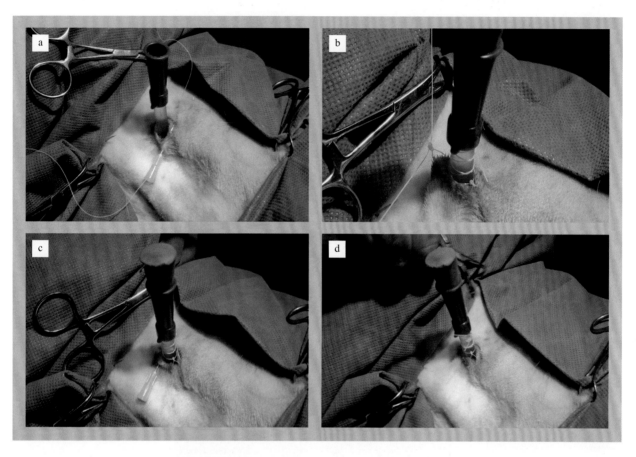

图4-30 （a）先将缝线松弛地在皮肤上打结固定，然后以指套缝合将饲管固定；（b）是局部打结的细节图；（c）将盖子盖于饲管上，从而防止空气进入食道和胃部；（d）指套缝合完成。

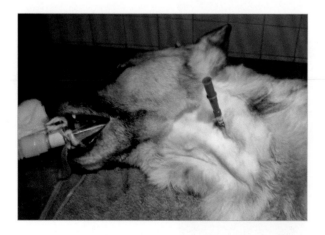

图4-31 术后即刻的状态，食管造口管已经固定在位。

颈部绷带包扎

　　下一步是使用绷带材料对颈部进行包扎，以保护饲管和皮肤切口，并且包扎要足够松弛，以便让颈部和头部能够自由活动。将饲管的开口置于背部位置，有利于通过饲管喂食和给药。

　　图4-32至图4-41展示了如何逐步对颈部进行绷带包扎。

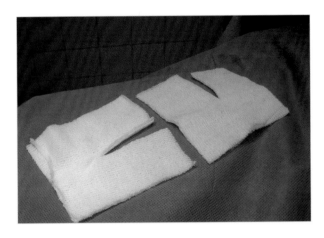

图4-32　两块10cm×10cm的纱布按图示切割。

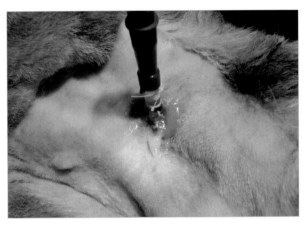

图4-33　将抗生素软膏涂抹于皮肤切口处。

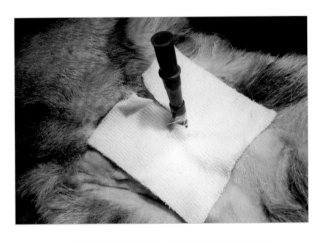

图4-34　将纱布按相反方向交叉围绕在饲管周围。

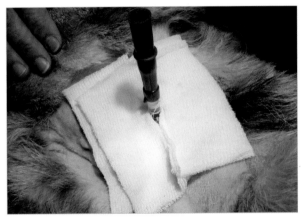

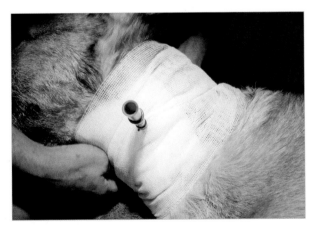

图4-35　用绷带包扎颈部，以进一步保护饲管，并帮助局部伤口愈合，防止污染。

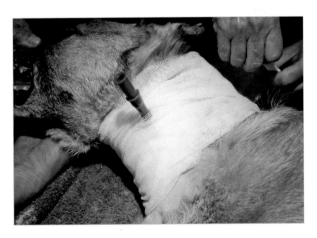

图4-36　绷带必须以松散的方式固定。

图4-37　包扎的顶层是一层弹力自粘绷带，要非常松弛地包裹。

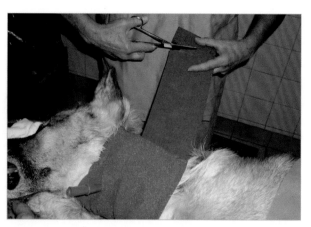

图4-38　将弹力绷带剪成所需长度。

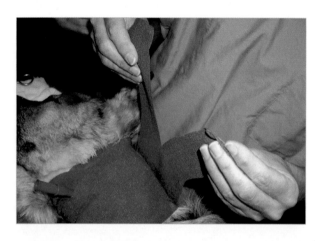

图4-39　将绷带末端分成两部分。

图4-40　这两个部分将在饲管周围缠绕以增加支撑力和牢固性。

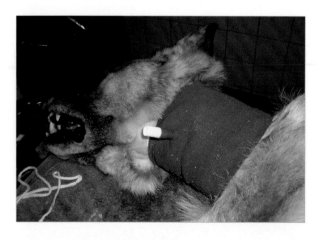

图4-41　完成的颈部包扎绷带。

颈部绷带在第一周必须每天更换，之后根据需要更换。应当戴伊丽莎白圈以防止意外拆除饲管。

> 可以通过拍摄胸部侧位X线片来评估饲管在食道内的位置。

注意事项

放置饲管后，计算患病动物每天的静息能量需求（RER）以及每天应该饲喂几次十分重要。达到RER对于保证身体的基本功能如消化、呼吸、心脏和大脑功能等至关重要。

静息能量需求（RER）的计算公式
$RER=70 \times BW^{0.75}$
$RER=$ 静息能量需求（kcal/d） $BW=$ 体重（kg）

然而，必须控制开口处并至少每周更换绷带。也可以使用表格估算建议的每日卡路里摄入量。然后将 RER 乘以系数因子来估计宠物的总能量需求（例如，已去势的成年犬为 $1.6 \times RER$）。这将计算出每日所需提供的食物量。可能需要进行细微调整以维持良好的身体状况评分。

> ***** 过度饲喂或喂食速度过快可能会导致呕吐、腹泻和/或患病动物的不适。

当移除饲管时，需去除皮肤固定缝线，拔出饲管。然后，轻柔地清洗形成的瘘管口，并涂上抗生素软膏。在完全愈合之前，需轻度包扎。瘘管口不需要任何类型的缝合，它会在5～7d内通过二期愈合达成愈合过程。

饲管使用中最常见的问题是喂食困难或饲管被食物堵塞。为避免这种情况，在饲喂患病动物前后，应该用水冲洗饲管。

如果饲管被阻塞：

■ 用力冲洗可能有助于松动阻塞物，但也可能导致患病动物呕吐或返流，并有可能呛到动物。

■ 一些医生主张使用可乐或苏打水来冲洗饲管，将这种饮料通过饲管给予并让其停留5～10min，然后用水冲洗。密切观察患病动物很有必要，因为可能会因此发生呕吐或返流。

■ 还可以考虑使用柔性导丝或较长且细的硬质导丝。此过程只能由有经验的兽医外科医师进行。它不适合宠物主人在家尝试。

■ 如果不能缓解，饲管必须被拔除并插入一个新的饲管，该步骤最好在全身麻醉下进行。如果饲管已经放置了很长时间，那么环绕饲管的组织已经愈合在一起，因此可以直接从拔除原饲管的位置向后插入新的替换饲管。

食道饲管可以放置较长时间，最长可达10个月。但至少每周要更换一次包扎材料，并对饲管入口进行一定的消毒处理。

空肠造口饲管放置

| 临床常见度 | ■ | ■ | □ | □ | □ |
| 技术难度 | ■ | ■ | ■ | □ | □ |

概述

任何胃肠道手术后，肠上皮细胞需要有营养物质的滋养才能恢复健康。其中大部分营养物质来自饮食中的谷氨酰胺。当动物在术后立即出现呕吐或无法进食，或口服进食存在禁忌时，建议在手术的最后阶段放置空肠造口饲管（J-管）。

这种特殊的喂食方式需要使用特殊配方的食物，因为蛋白质单体无法经过胃部的消化过程进行预先加工处理。因此，接受胃部手术的动物需要给予易消化的食物。

> 如果患病动物的胃部健康，没有呕吐，则胃造口饲管（G-管）也可以作为治疗选择。然而，如果动物的胃部有问题，但肠道功能正常，使用肠道喂养非常重要。

手术技术

放置J-管时，首先选择近端空肠肠袢，确定其蠕动方向。然后，将3Fr或5Fr的聚氨酯、硅橡胶（Silastic®）或红色橡胶导管（婴儿喂养管）由10G或12G针引导（图4-42至图4-44）插入腹腔。

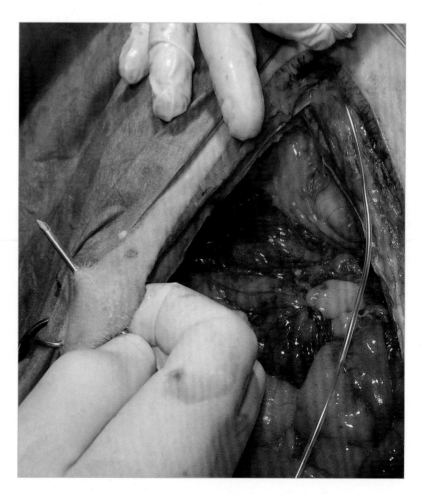

图4-42　本病例中，选择了5Fr饲管和10G针进行操作。

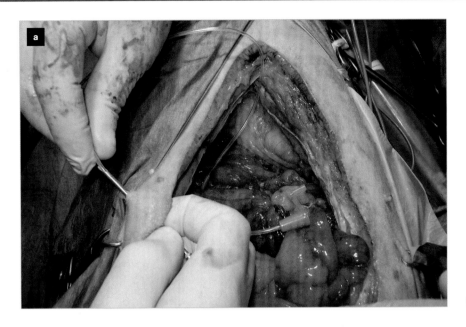

图4-43a 饲管从针头中穿过并通过腹腔。

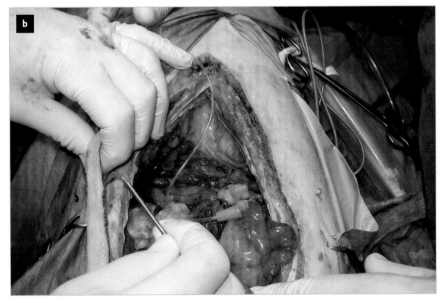

Silastic®饲管比橡胶饲管持久，后者可能随着时间的推移变得脆化和易于开裂。

图4-43b 然后拔出针头。

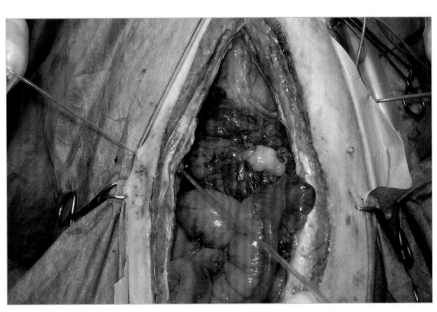

图4-44 最后将饲管送入腹腔。

腹膜可以被用于连接空肠肠袢和腹壁，以增加黏附性。进入腹腔后，针头从肠系膜对侧进入空肠肠袢的肠壁，插入深度约几厘米。

由于饲管必须始终按照同蠕动方向（食物流动方向相同的方向）插入，针头必须按照反蠕动方向（食物流动方向相反的方向）进入肠道内。

 饲管必须始终按照食物流动方向插入。

接下来将饲管送入针头中并进入肠腔，然后移除针头，使饲管留在空肠腔内（图4-45）。

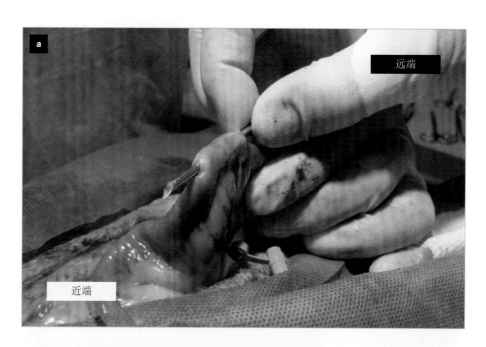

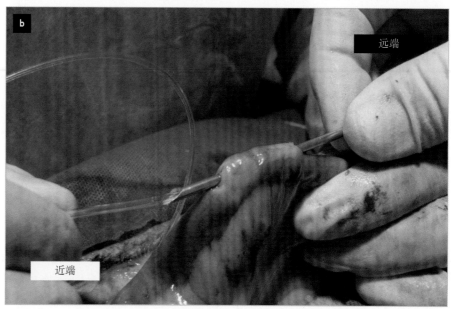

　　将饲管向远端插入15～20cm，并使用4/0可吸收缝合材料进行简单结节缝合以封闭空肠壁的远端开口（图4-46）。

> 对于猫和小型犬，插入针头可能更具挑战性，因为它们的肠壁相对较薄（图4-46）。

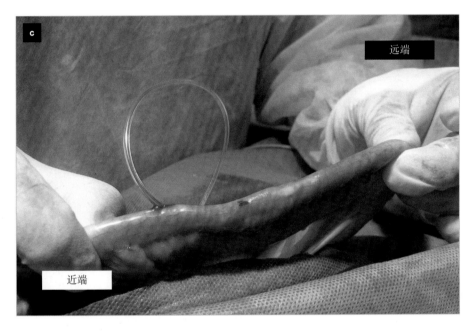

图4-45　使用10G针头将5Fr饲管/导管插入肠腔中。

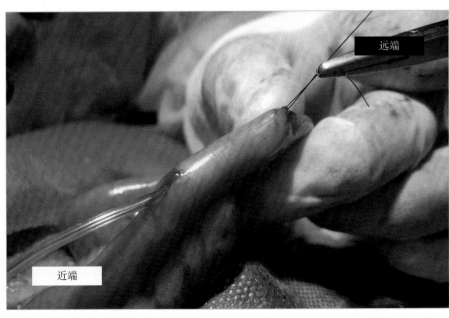

图4-46　闭合远端的针孔。

接下来，使用相同的缝合材料将饲管固定在近端开口处，并注意在缝合黏膜下层时不要穿透肠腔（图4-47）。这种锚固作用应该足够牢固，以防止饲管移位，与此同时也应保持打结的松紧适宜，避免过度勒紧饲管而影响流食的顺利通过。

或者，如果肠道直径允许，可以在饲管出口处做一个小的荷包缝合以实现更紧密的闭合，从而防止泄漏。

然后，使用4/0单股可吸收缝线，以3～4针将空肠缝合到腹壁上，以防止肠袢进一步移位（图4-48）。

最后一步是用指套缝合将饲管固定在皮肤上。腹部应该进行包扎以进一步保护饲管。

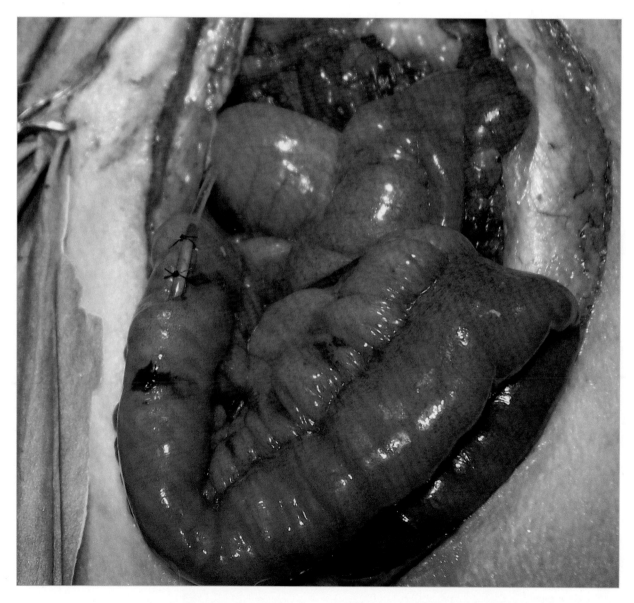

图4-47　将饲管锚固于肠道壁上。

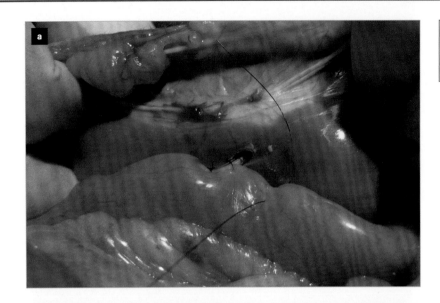

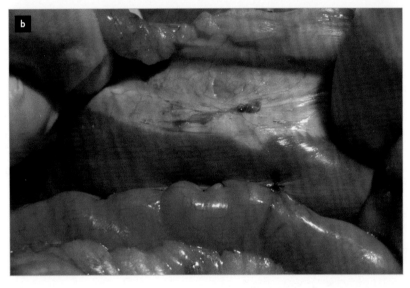

"enteropexy"是指将肠道固定在腹壁上的肠道固定术。

图4-48　将该段肠道固定于腹壁上。

注意事项

■ 为了更好地防止腹部渗漏，饲管应该至少放置5～7d，只有这样固定点才能适当地愈合。另外，可用大网膜围绕手术固定点，以促进饲管周围的纤维性愈合。

■ 多数饲管仅需要较少的维护。

■ 需对留置饲管的位置密切监测。

■ 应该评估饲管入口处的组织是否存在红肿、产生分泌物或疼痛的情况。

■ 必须用消毒溶液清洁皮肤造口位点，并用绷带包扎，以防止动物和主人误动饲管。

■ 饲管周围的分泌物及残渣须用温水湿润的棉球或纱布清洁。

■ 饲管应该在喂食后规律冲洗，以防止阻塞。一些作者建议每4h冲洗一次，以避免堵塞。如果发生堵塞，可以小心地用温水、可乐或胰酶冲洗，以帮助疏通饲管。

■ 要拆除饲管时，应该剪断固定的指套缝合线，缓慢地拉出饲管，直到完全取出。皮肤的小开口预计会在24h内自行闭合。